应用型人才培养系列教材

GE PAC 可编程自动化控制器
应用技术实验指导

主编　张晓萍　邢青青　刘和剑

参编　窦金生　宋天麟　李沈华　于希辰

主审　尤凤翔

西安电子科技大学出版社

内 容 简 介

本书基于 GE PAC 仿真实验平台给出了可编程控制器应用的相关实验,旨在培养学生的实践操作能力及综合设计能力。

本书包括七个基础实验(PAC 硬件系统实验,PAC 软件系统实验,PAC 数字量控制实验,PAC 定时、计数功能实验,异步电动机控制实验,PAC 模拟量控制实验和 PAC 过程控制实验)和六个拓展实验(抢答器控制实验、彩灯的花样控制实验、交通信号灯的控制实验、运料小车的 PAC 控制实验、两种液体的混合装置控制实验和 PAC 控制全自动洗衣机实验)。

本书可作为高等院校电气类、机电类专业"可编程控制器应用技术"课程的实验教材,也可供相关专业的工程技术人员参考。

图书在版编目(CIP)数据

GE PAC 可编程自动化控制器应用技术实验指导 / 张晓萍,邢青青,刘和剑主编. —西安:西安电子科技大学出版社,2021.12(2022.12 重印)
ISBN 978-7-5606-6234-3

Ⅰ. ①G…　　Ⅱ. ①张…　②邢…　③刘…　　Ⅲ. ①可编程序控制器—高等学校—教材
Ⅳ. ①TM571.61

中国版本图书馆 CIP 数据核字(2021)第 245749 号

策划编辑　陈　婷
责任编辑　师　彬　陈　婷
出版发行　西安电子科技大学出版社(西安市太白南路 2 号)
电　　话　(029)88202421　88201467　　邮　　编　710071
网　　址　www.xduph.com　　　　　　电子邮箱　xdupfxb001@163.com
经　　销　新华书店
印刷单位　陕西天意印务有限责任公司
版　　次　2021 年 12 月第 1 版　　2022 年 12 月第 2 次印刷
开　　本　787 毫米×1092 毫米　1/16　印　张　8.5
字　　数　193 千字
印　　数　1001~3000 册
定　　价　28.00 元

ISBN 978-7-5606-6234-3 / TM

XDUP 6536001-2

如有印装问题可调换

前　言

　　可编程控制器应用技术实验是面向高等院校电气类、机电类专业本科生开设的专业核心实践课，是重要的实践教学环节。但基于 GE 智能平台的相关可编程控制器应用技术教材，特别是实验指导教材较少，增加了学生的学习难度，限制了 GE 平台自动化控制技术的推广和应用。因此，我们从培养综合应用型人才的角度出发，基于 GE 智能平台的自动化控制技术和理念编写了本书，以期为高校相关专业开展教学与科研工作提供参考。

　　本书包括七个基础实验(PAC 硬件系统实验，PAC 软件系统实验，PAC 数字量控制实验，PAC 定时、计数功能实验，异步电动机控制实验，PAC 模拟量控制实验和 PAC 过程控制实验)和六个拓展实验(抢答器控制实验、彩灯的花样控制实验、交通信号灯的控制实验、运料小车的 PAC 控制实验、两种液体的混合装置控制实验和 PAC 控制全自动洗衣机实验)。本书描述的操作过程和配置参数均经过了实践验证，便于读者在实际应用中借鉴。

　　本书由苏州大学应用技术学院张晓萍、邢青青和刘和剑主编，苏州大学应用技术学院窦金生、宋天麟、于希辰和华晟经世教育集团李沈华参编。张晓萍负责全书统稿，并编写了实验八、实验九、实验十和附录；邢青青编写了实验一、实验二、实验三和实验四；刘和剑编写了实验五、实验六和实验七；窦金生编写了实验十一；宋天麟编写了实验十二；于希辰编写了实验十三；李沈华工程师编写了本书的部分实例程序并对程序进行了论证。本书由苏州大学应用技术学院尤凤翔教授主审。在此衷心感谢所有对本书出版给予帮助和支持的老师和朋友们。

　　由于编者水平有限，书中难免有疏漏之处，恳请读者批评指正。

　　编者邮箱地址：170335622@qq.com。

编　者

2021 年 8 月

前　言

目　　录

基　础　篇

实验一　PAC 硬件系统 2
　一、实验目的 2
　二、实验课时 2
　三、实验要求 2
　四、背景知识介绍 2
　五、实验过程 3
　六、实验结果 10

实验二　PAC 软件系统 11
　一、实验目的 11
　二、实验课时 11
　三、实验要求 11
　四、背景知识介绍 11
　五、实验过程 11
　六、实验结果 33

实验三　PAC 数字量控制 34
　一、实验目的 34
　二、实验课时 34
　三、实验要求 34
　四、背景知识介绍 34
　五、实验过程 35
　六、实验结果 44

实验四　PAC 定时、计数功能 45
　一、实验目的 45
　二、实验课时 45
　三、实验要求 45
　四、背景知识介绍 45
　五、实验过程 46
　六、实验结果 49

实验五　异步电动机控制 50
　　一、实验目的 50
　　二、实验课时 50
　　三、实验要求 50
　　四、背景知识介绍 50
　　五、实验过程 50
　　六、实验结果 58

实验六　PAC 模拟量控制 59
　　一、实验目的 59
　　二、实验课时 59
　　三、实验要求 59
　　四、背景知识介绍 59
　　五、实验过程 59
　　六、实验结果 66

实验七　PAC 过程控制 67
　　一、实验目的 67
　　二、实验课时 67
　　三、实验要求 67
　　四、背景知识介绍 67
　　五、实验过程 67
　　六、实验结果 76

拓　展　篇

实验八　抢答器控制 78
　　一、实验目的 78
　　二、实验课时 78
　　三、实验要求 78
　　四、实验过程 78
　　五、实验结果及总结 78

实验九　彩灯的花样控制 79
　　一、实验目的 79
　　二、实验课时 79
　　三、实验要求 79
　　四、实验过程 79

五、实验结果及总结 79

实验十　交通信号灯的控制 80

一、实验目的 80

二、实验课时 80

三、实验要求 80

四、实验过程 81

五、实验结果及总结 81

实验十一　运料小车的 PAC 控制 82

一、实验目的 82

二、实验课时 82

三、实验要求 82

四、实验过程 83

五、实验结果及总结 83

实验十二　液体混合装置的控制 84

一、实验目的 84

二、实验课时 84

三、实验要求 84

四、实验过程 85

五、实验结果及总结 85

实验十三　PAC 控制全自动洗衣机 86

一、实验目的 86

二、实验课时 86

三、实验要求 86

四、实验过程 86

五、实验结果及总结 86

附录　实验报告

附录一　PAC 硬件系统实验报告 89

附录二　PAC 软件系统实验报告 91

附录三　PAC 数字量控制实验报告 93

附录四　PAC 定时、计数功能实验报告 95

附录五　异步电动机控制实验报告 97

附录六　PAC 模拟量控制实验报告 99

附录七　PAC 过程控制实验报告 101

附录八　抢答器控制实验报告 ………………………………………………… 103

附录九　彩灯的花样控制实验报告 ……………………………………………… 107

附录十　交通信号灯的控制实验报告 …………………………………………… 111

附录十一　运料小车的 PAC 控制实验报告 …………………………………… 115

附录十二　液体混合装置的控制实验报告 ……………………………………… 119

附录十三　PAC 控制全自动洗衣机实验报告 …………………………………… 123

参考文献 ………………………………………………………………………… 127

基础篇

本篇包括七个基础实验(PAC 硬件系统实验，PAC 软件系统实验，PAC 数字量控制实验，PAC 定时、计数功能实验，异步电动机控制实验，PAC 模拟量控制实验和 PAC 过程控制实验)。实验目的是熟悉 GE 控制器的硬件结构，熟练掌握 PME 软件安装和使用以及 PAC 控制器基本指令的运用。

实验一　PAC 硬件系统

一、实验目的

熟悉 GE 控制器的硬件结构。

二、实验课时

2 课时。

三、实验要求

熟练掌握 PAC RX3i 控制器的硬件结构及配置、型号和参数。

四、背景知识介绍

可编程控制器(Programmable Controller，PC)经历了可编程序矩阵控制器(Programmable Matrix Controller，PMC)、可编程序顺序控制器(Programmable Sequence Controller，PSC)、可编程序逻辑控制器(Programmable Logic Controller，PLC)和可编程控制器(Programmable Controller，PC)及可编程自动控制器(Programmable Automation Controller，PAC)几个不同的发展时期。PAC 是一种专门为在工业环境下应用而设计的数字电子系统。PAC 使用可编程的存储器存储执行逻辑运算、顺序控制、定时、计数和算术运算等操作的指令后，再通过数字式或模拟式的输入/输出来控制各种类型的机械设备或生产过程。

PAC 实际上是面向用户的专用工业控制计算机，具有许多明显的特点：

(1) 可靠性高，抗干扰能力强；

(2) 通用性强，控制程序可变，使用方便；

(3) 功能强，适应面广；

(4) 编程简单，容易掌握；

(5) 减少了控制系统的设计及施工的工作量；

(6) 体积小，重量轻，功耗低，维护方便。

PAC 在国内外广泛应用于钢铁、石化、机械制造、汽车装配、电力、轻纺、电子信息产业等各行各业。目前，典型的 PAC 具有以下功能：

(1) 顺序控制。这是可编程控制器应用最广泛的控制方式，取代了传统的继电器顺序控制，例如注塑机、印刷机械、订书机械、切纸机、组合机床、磨床、装配生产线、包装生产线、电镀流水线及电梯控制等。

(2) 程控。在工业生产过程中，有许多连续变化的量，如温度、压力、流量、液位、速度、电流和电压等，称为模拟量。可编程控制器有 A/D 和 D/A 转换模块，因此它具有程控功能。

(3) 数据处理。一般可编程控制器都设有四则运算指令，可以很方便地对生产过程中的数据进行处理。用 PAC 可以构成监控系统，进行数据采集和处理，控制生产过程。较高档次的可编程控制器都有位置控制模块，用于控制步进电动机，实现对各种机械的位置控制。

(4) 通信联网。某些控制系统需要多台 PAC 连接起来使用或者由一台计算机与多台 PLC 组成分布式控制系统。可编程控制器的通信模块可以满足这些通信联网要求。

(5) 显示打印。可编程控制器还可以连接显示终端和打印机等外围设备，从而实现显示和打印的功能。

五、实验过程

1. 实验流程

PAC 硬件系统认知实验流程如图 1-1 所示。

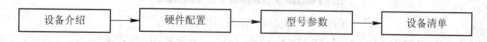

图 1-1　PAC 硬件系统认知实验流程

2. 设备简介

本实验所用到的设备在 SCADA(Supervisory Control and Data acquisition，监视控制与数据采集)实验平台整体结构中的位置如图 1-2 所示。

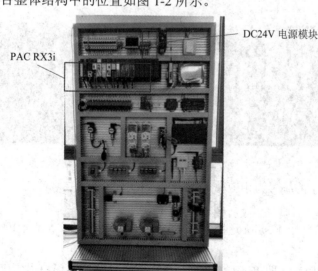

图 1-2　PAC 系统硬件位置

1) DC 24 V 电源模块

DC 24 V 电源模块实际设备如图 1-3 所示。

图 1-3　DC 24 V 电源模块实际设备

图 1-3 中底部为供电端，包括 N、L 和地，分别接 1# 空开(总空开是 0# 空开)以及接地端子排；顶部为两组 24 V DC 输出，直接连接 DC 24 V 端子排。

2) PAC RX3i 系统设备

本实验所用的 RX3i 系统硬件如图 1-4 所示。

图 1-4　RX3i 系统硬件

注意：图 1-4 中的编号为相应槽号(后面会用到)。

(1) 通用背板。

RX3i 系统包含一个 12-Slot 通用背板 IC695CHS012(如图 1-5 所示)或者 16-Slot 通用背板(IC695CHS016)。

在实验中采用后者，即 IC695CHS016 通用背板，它给各模块提供电源(有需要的模块可接外供电)，是双总线背板，既支持 PCI 总线的 IC695，又支持串行总线的 IC694 I/O 和可选智能模块。

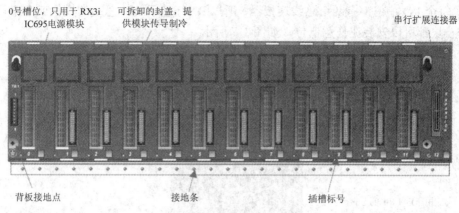

图 1-5　IC695CHS012 背板

① 通用背板的特征如下：

· 左侧末端的接线条用于将来的风扇连接和隔离 +24 V 电压输入；

· 背板接地点必须采用一个独立的导体接地；

· 有一个完整的用于连接模块/屏蔽接地的接地板；

· 可拆卸的封盖可以提供模块传导制冷(用于未来)；

· 串行扩展连接器用于连接串行扩展和远程背板；

· 插槽标号印在背板上，供 ME 的配置参考。

② 通用背板槽位占用原则如下：

· 绝大多数的模块只占用一个插槽，一些模块例如 CPU 模块以及交流电源，有两倍宽度，所以占用两个插槽。

· RX3i CPU 模块可以安装在除了最右侧的扩展插槽以外的任意插槽。CPE305 占 1 个槽位(其他 CPU 模块占 2 个槽位)。

· 0 号槽位只能插 IC695 电源，如图 1-6 所示。

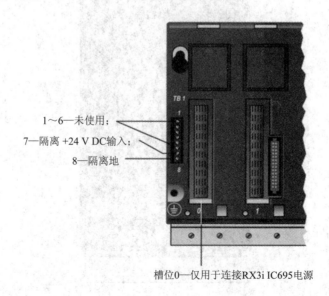

图 1-6　TB1 输入端子条与 0 号槽位

· 每个 I/O 槽位都有两个总线连接器，所以 RX3i 基于 PCI 总线的模块或者串行背板接口的模块都可以安装在任意槽位，如图 1-7 所示。

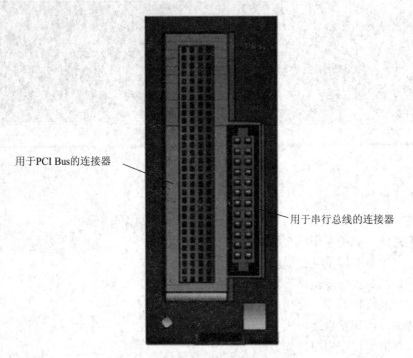

用于PCI Bus的连接器

用于串行总线的连接器

图 1-7　插槽 1～15

· 最右侧槽位是扩展槽，只用于安装串行总线发送模块 IC695LRE001，如图 1-8 所示。

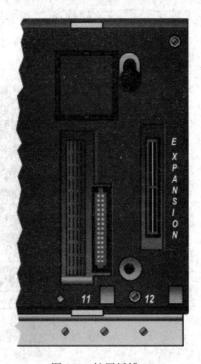

图 1-8　扩展插槽 16

(2) 电源模块。电源模块 IC695ACC400 如图 1-9 所示。

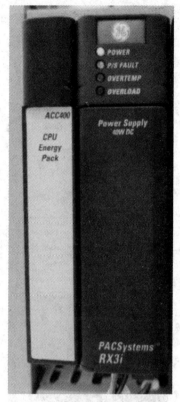

图 1-9　电源模块 IC695ACC400

① IC695ACC400。PAC 系统 RX3i Energy Pack 适用于 RX3i OPE305 或 CPE310 控制器 CPU。在系统电源丢失的情况下，Energy Pack 保持足够的时间，以便 CPU 将其用户存储器内容写入非易失性存储器(闪存)中。

Energy Pack 安装在 RX3i 模块的左侧。为避免占用背板插槽，我们将其安装在机架插槽 0 中的模块(通常为电源)上，并通过电缆 1C695C8L001 连接到 CPU 上。当系统通电时，通过连接 CPE 至 Energy Pack 的 1695CBL001 电缆，Energy Pack 从 RX3i 24 V DC 给 CPE305 充电。

② IC695PSD040。Power Supply 40 W DC 实际设备如图 1-10 所示。

电源模块 IC695PSD040 是 40 W 电源模块，输入电压范围是 18～30 V DC。

输出电压有以下特点：

· +5.1 V DC 输出；
· +24 V DC 继电器输出，用于继电器输出模块的供电；
· +3.3 V DC 输出，用于从 IC695 开始的 RX3i 模块内部使用。

如果模块个数过多，需要的电能超过电源模块所能提供的电能，那么必须将一些模块安装在扩展背板或远程背板上。

当发生内部错误时，电源模块会指示。CPU 可以检测电源是否丢失或登录相应的故障码进行检测。

电源模块 IC695PSD040 包括指示灯、ON/OFF 开关、接线端子等。

图 1-10　电源模块 IC695PSD040

· 指示灯。

电源模块有 4 个 LED，如图 1-11 所示，分别指示：

POWER(电源灯，绿色/橙色)：当 LED 为绿色时，意味着电源模块在给背板供电；当 LED 为橙色时，意味着电源模块加载外部供电，但是电源模块上的开关是关着的。

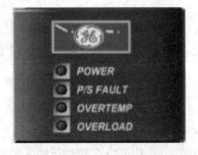

图 1-11　电源模块指示灯

P/S FAULT(故障，红色)：当 LED 亮起时，意味着电源存在故障并且不能提供足够的电压给背板。

OVERTEMP(温度过高，橙色)：当 LED 亮起时，意味着电源接近或者超过了最高工作温度。

OVERLOAD(过载，橙色)：当 LED 亮起时，意味着电源至少有一个输出接近或者超过最大输出功率。

·ON/OFF 开关。ON/OFF 开关位于模块前面门的后面。此开关控制电源的输出，但不能切断输入电源。紧靠开关旁边突出的部分可以防止意外打开或关闭开关，如图 1-12 所示。

图 1-12　电源模块 ON/OFF 开关

·接线端子。其中，+24 V 端子和 –24 V 端子、接地端子和 MOV(接地的另一端)可以接单根的 14～22 AWG(American Wire Gauge)的电线，如图 1-13 所示。

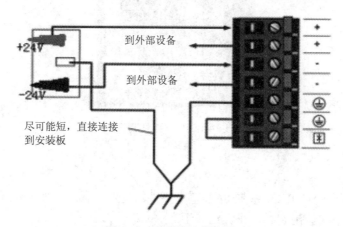

图 1-13　电源模块接线端子

(3) CPU 模块 CPE305。

参数：1.1 GHz CPU，5 MB 用户内存和内置以太网。

CPE305 有以下特点：

· 控制器内存可以存储逻辑文档和机器文档，以减少停机时间并提高故障处理水平；
· 支持开放的通信；
· 支持丰富的数字量模块、模拟量模块和特殊功能模块；
· 支持模块热插拔，包括 PCI 背板总线和串行背板总线；
· 隔离 24 V DC 接线端子和接地条，可以减少用户接线。

应用程序校验后，模式开关可以打到适用的运行模式(RUN MODE)，即 RUN I/O ENABLE 和 RUN OUTPUT DISABLE，或者 STOP 指示灯指示了模式开关的当前位置和串口是否有数据通信的情况，如图 1-14 所示。

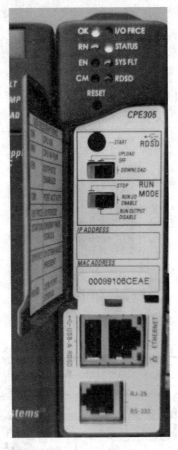

图 1-14　CPU 模块 CPE305

六、实验结果

　　本实验熟悉了 PAC RX3i 系列 PAC 基本硬件结构及配置，其他 PAC 硬件模块在此暂不作介绍，在其后实验用到时再作详细介绍。

实验二　PAC 软件系统

一、实验目的

(1) 熟练掌握软件安装、软件环境及基本应用。
(2) 熟练使用 Proficy Machine Edition(PME)软件对硬件进行初步模块配置。

二、实验课时

2 课时。

三、实验要求

熟练掌握项目的新建、模块配置，初步掌握下载、调试、备份等。

四、背景知识介绍

PME 是一个高级的软件开发环境和机器层面的自动化维护环境,提供集成的编程环境和共同的开发平台。它可以由一个编程人员实现人机界面、运动控制和执行逻辑的开发。PME 也是一个包含若干软件产品的环境,其中每个软件产品都是独立的,而且都是在相同环境中运行的。

PME 提供一个统一的用户界面,具有全程拖放的编辑功能以及支持项目需要的多目标组件的编辑功能。PME 内部的所有组件和应用程序都共享一个单一的工作平台和工具箱。一个标准化的用户界面会减少学习时间,而且新应用程序的集成不需要对附加插件的学习。在同一个项目中,用户自行定义的变量可以在不同的目标组件中相互调用。

PME 可以用来组态 PAC 控制器、远程 I/O 站、运动控制器以及人机界面等,可以创建 PAC 控制程序、运动控制程序、触摸屏操作界面等,可以在线修改相关运行程序和操作界面,还可以上传、下载工程,监视和调试程序。

五、实验过程

1. 实验流程

图 2-1 所示为 PAC 软件系统认知实验流程。

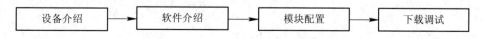

图 2-1　PAC 软件系统认知实验流程

2. 软件简介

1) 安装环境及对计算机的要求

(1) 软件运行环境：

· Microsoft Windows XP (Service Pack 3)，Windows Vista 7/8/10(32 位或 64 位)；

· Microsoft .Net Framework 2.0。

(2) 系统最低分辨率：M Servo Suite 对显示器的分辨率要求最低为 1024×768。如果低于此分辨率将会有部分界面超出屏幕之外。

2) 软件安装步骤

第一步，找到名为"Proficy_Machine_Edition_v9.50.0.7677_English"的 Proficy ME 软件包(ISO 格式)，如图 2-2 所示。

图 2-2　Proficy ME 软件包

第二步，单击右键选择"解压到 Proficy_Machine_Edition_v9.50.0.7677_English\(E)"，如图 2-3 所示。

图 2-3　软件包解压

第三步，在解压后的文件夹中找到"ProficySetup"文件并双击打开，如图 2-4 所示。

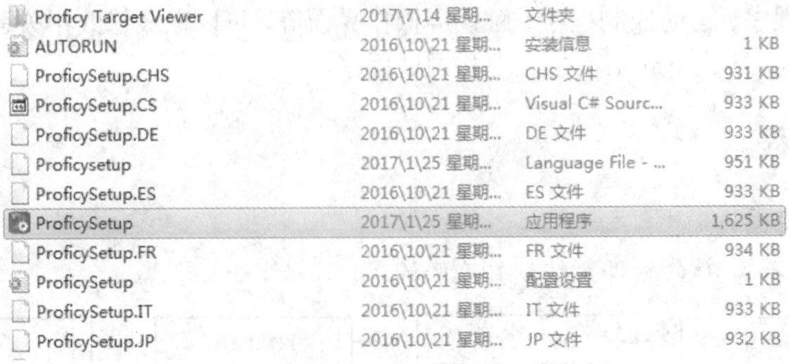

图 2-4　文件安装

第四步，在安装界面点击"安装 Machine Edition"，如图 2-5 所示。

图 2-5 主界面安装

第五步，点击"Install"开始安装，如图 2-6 所示。

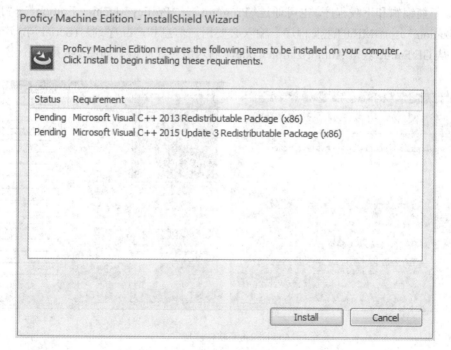

图 2-6 安装所需环境

第六步，ME 软件包含多个功能，安装时选择是否需要这些功能。

选择"Logic Developer - PLC"，对 90 系列、PAC 系列进行 PLC 编程；选择"View"，对 QuickPanel 触摸屏进行组态和编程，如图 2-7 所示。

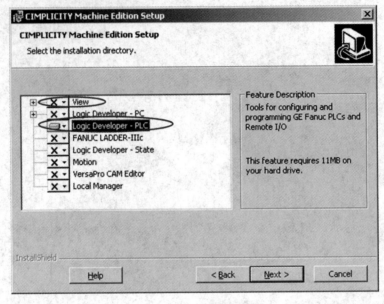

图 2-7　软件功能选择

第七步，安装完成时，系统提示你是否立即注册 ME 软件。如果选择不注册，你将有 4 天的试运行期，4 天过后，你仍然可以运行 ME，但有如下限制：只能打开和浏览已创建的工程，不能编辑和下载程序。也可通过"Program"→"Proficy Machine Edition"→"Product Authorization"运行 ME 的注册程序，输入必要用户信息和产品序列号(Serial #)，产生 Site Code，从 GE Fanuc 获得 Authorization Code，输入后完成注册，如图 2-8 所示。

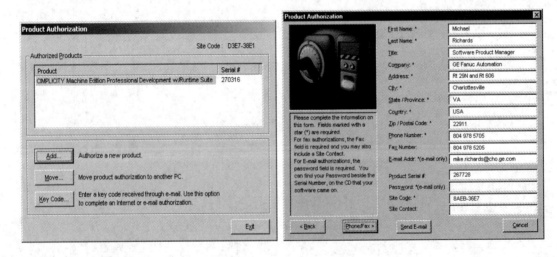

图 2-8　软件注册

3) 软件开发界面认知

(1) 主界面如图 2-9 所示。

· 选择"Window-Apply Theme"可以恢复编辑界面

图 2-9　主界面

(2) 控制编辑窗口的快捷按钮，如图 2-10 所示。

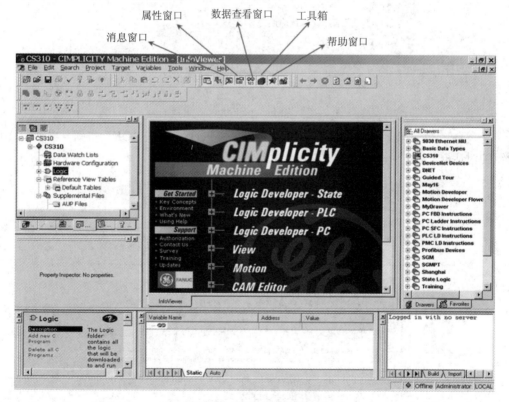

图 2-10　窗口切换快捷按钮

(3) 实验过程按照创建一个完整的项目进行，步骤如图 2-11 所示。

图 2-11　项目创建步骤

3. 实验步骤

1) 利用应用软件构建总线软件环境

(1) 新建项目。

① 点击"开始"→"程序"→"Proficy"→"Proficy Machine Edition",或者点击 图标,启动软件。

② 在软件打开后,出现图 2-12 所示的窗口。

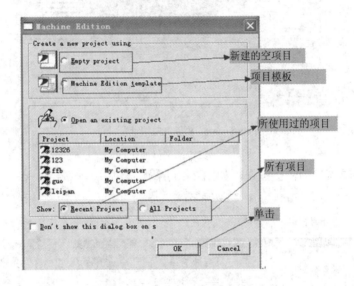

图 2-12 "Machine Edition"窗口

③ 新建一个工程。选择图 2-12 中的"Empty project",点击"OK"按钮,出现图 2-13 所示的对话框。

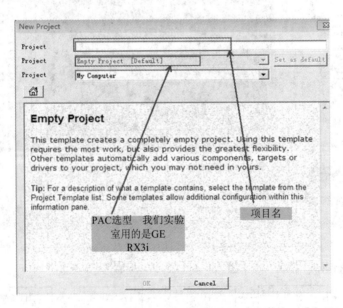

图 2-13 新建工程对话框

④ 输入工程名，如"wang"，点击"OK"按钮。右键单击建好的新项目，并点击"Add Target"→"GE Intelligent Platforms Controller"→"PACSystems RX3i"，如图 2-14 所示。

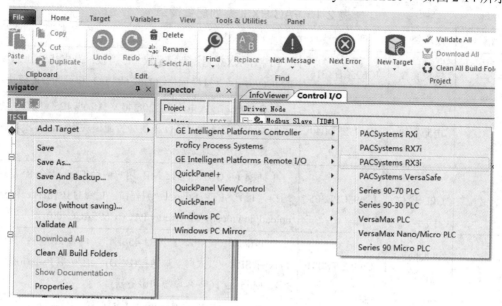

图 2-14　控制器的增加

⑤ 建立的新工程如图 2-15 所示。

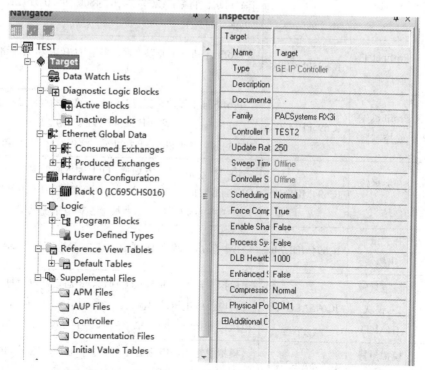

图 2-15　新工程建立

这样，就在"Proficy Machine Edition"的环境中建立了一个新工程。

(2) 配置硬件组态。

① 根据表 2-1 所示配置组态。

表 2-1　PAC RX3i 系列配置清单

槽号	模块类型	产品型号	说　明
—	模块底板	IC695CHS016	16 槽，RX3i 通用背板是双总线背板，既支持 PCI 总线的 IC695，又支持串行总线的 IC694 I/O 和可选智能模块
0	电源模块	IC695PSD040	PLC 供电，输入电压为 120/240 V AC 或 125 V DC，功率为 40 W；为 CPU、I/O 模块、智能模块和通信等模块供电，保护系统免遭杂波影响
1	CPU 模块	IC695CPE305	单插槽 1.1 GHz CPU，5 MB 用户内存/flash，1 个 RS-232 端口，1 个 SRTP Ethernet 编程口，1 个 USB master port upload/download，带 Energy PAC(IC695ACC400)
2	以太网通信模块	IC695ETM001	TCP/IP10/100 Mb，2 个 RJ-45 端口，内置交换机；支持协议有 SRT、以太网全球数据(EGD)、通道(客户端和服务器)、Modbus TCP(客户端和服务器)
3	串行通信模块	IC695CMM002	两端口串行模块，支持串行读/写、主/从 Modbus、主/从 DNP 3.0、从 CCM；2 个隔离 RS-232 或 RS-485/422 端口；可选波特率：1200、2400、4800、9600、19.2K、38.4K、57.6K、115.2K
4	Profinet 总线控制器	IC695PNC001	Profinet 基于工业以太网，采用 TCP/IP 和 IT 标准，通信响应时间为 10 ms
5	Profibus 总线控制器	IC695PBM300	Profibus 主模块，支持 DPV1 等级 1 和等级 2，总线速度为 12 Mbaud，支持波特率：9.6 kb/s、19.2 kb/s、93.75 kb/s、187.5 kb/s、500 kb/s、1.5 Mb/s、3 Mb/s、6 Mb/s 和 12 Mb/s
6	开关量输入模块	IC694MDL645	模块输入点数为 16 通道，OFF 响应时间为 20 ms(最大)，ON 响应时间为 30 ms(最大)，内部功耗为 120 mA(所有输入开关在 ON 位置)，由背板上 5 V 电压提供
7	开关量输出模块	IC694MDL740	模块输出点数为 16 通道，12/24 V DC 正逻辑，0.5 A
8	模拟量输入模块 (HART)	IC695ALG608	模拟量输入，带 HART 通信，8 通道，可为每条通道配置为电流或电压。电流：0~20 mA，4~20 mA，±20 mA；电压：±10 V，0~10 V，±5 V，0~5 V，1~5 V
9	模拟量输出模块	IC695ALG704	模拟量输出，电流/电压输出，4 通道。电流：0~20 mA 或 4~20 mA，电压：0~10 V 或 ±10 V

根据图 2-16 所示的实际机架上的模块位置进行硬件配置。

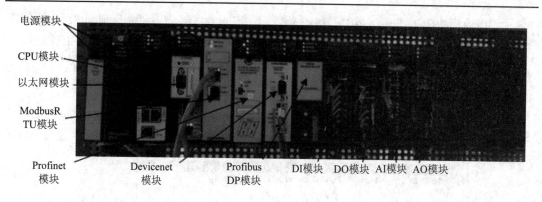

图 2-16 PAC 外观

② 右键单击各 Slot 项，根据机架上各模块的型号进行配置，选择"Replace Module"或"Add Module"，以替换或增加模块。在弹出的模块目录对话框中选择相应的模块并添加。当配置的模块有红色的叉号提示符时，说明当前的模块配置不完全，需要对模块进行修改。双击已经添加到机架上的模块，对模块进行详细配置，可在右侧的详细参数编辑器中进行参数配置。

③ 槽架(IC695CHS016)配置：右键单击"Rack 0( )"，选择"Replace Rack..."，如图 2-17 所示。

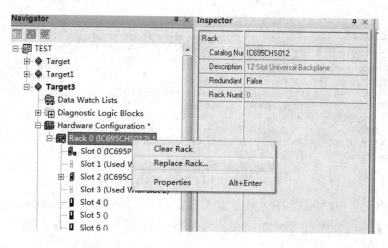

图 2-17 "Rack 0( )"配置

在弹出的对话框中选择"IC695CHS016"，点击"确定"按钮，如图 2-18 所示。

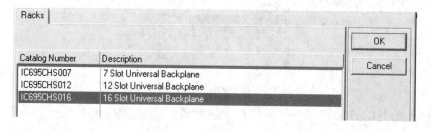

图 2-18 槽架配置选择

④ 电源模块(IC695PSD040)配置：右键单击"Slot 0( )"，选择"Add Module"，然后在"Power Supplies"中选中模块"IC695PSD040"，再点击"OK"按钮，如图2-19所示。

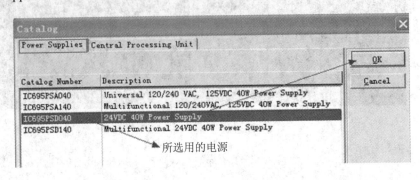

图 2-19　电源模块配置

⑤ CPU 模块(IC695CPE305)配置：右键单击"Slot 1( )"，选择"Add Module"，然后在"Central Processing Unit"中选中模块"IC695CPE305"，双击或者再点击"OK"按钮，如图 2-20 所示。

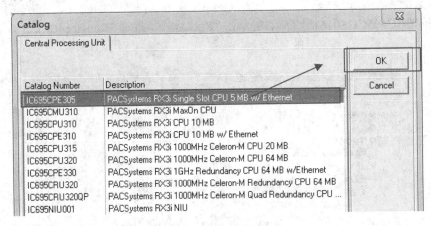

图 2-20　CPU 模块配置

若配置槽位错位，可进行拖动交换。如果任意CPU模块(IC695CPE330)本该放到Slot 1( )却放到了 Slot 2( )，则点住 Slot 2( )不放，拖入 Slot 1( )位置，如图2-21 所示。

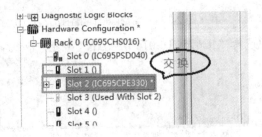

图 2-21　Slot 1( )和 Slot 2( )配置互换

双击"Slot 1(IC695CPE305)"，给硬件设置足够多的内存空间。修改后的效果如图 2-22 所示。

Settings	Scan	Memory	Faults	Port 1	Port 2	Scan Sets	Power Consumption

Parameters	
--- Reference Points ---	
%I Discrete Input	32768
%Q Discrete Output	32768
%M Internal Discrete	32768
%S System	128
%SA System	128
%SB System	128
%SC System	128
%T Temporary Status	1024
%G Genius Global	7680
Total Reference Points	107520
--- Reference Words ---	
%AI Analog Input	640
%AQ Analog Output	640
%R Register Memory	1024
%W Bulk Memory	0
Total Reference Words	2304

图 2-22　硬件内存空间设置

点击 "Slot 1(IC695CPE305)" 前面的加号，出现下拉的以太网配置，双击 "Ethernet" 进行 IP Address 配置。修改后的效果如图 2-23 所示。

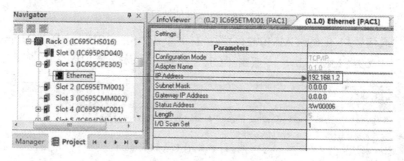

图 2-23　CPU IP 地址配置

⑥ 以太网模块(IC695ETM001)设置：此模块需要配置 IP 地址，右键单击 "Slot 2( )"，选择 "Communications" 标签，选中 "IC695ETM001"，再点击 "OK" 按钮。具体配置如图 2-24 所示。

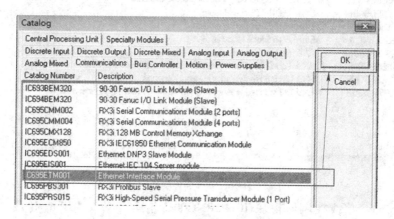

图 2-24　以太网模块设置

双击"Slot 2(IC695ETM001)",修改"IP Address"。修改后的效果如图 2-25 所示。

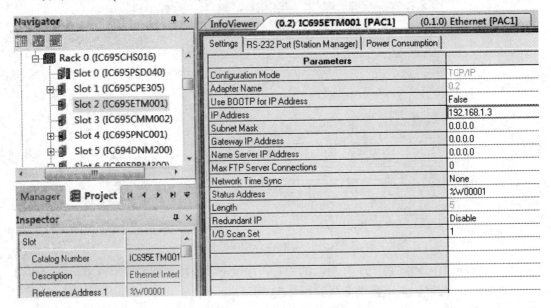

图 2-25　以太网地址设置

⑦ 串行通信模块(IC695CMM002)设置:右键单击"Slot 3( )",选择"Communications"标签,选中"IC695CMM002",再点击"OK"按钮。具体配置如图 2-26 所示。

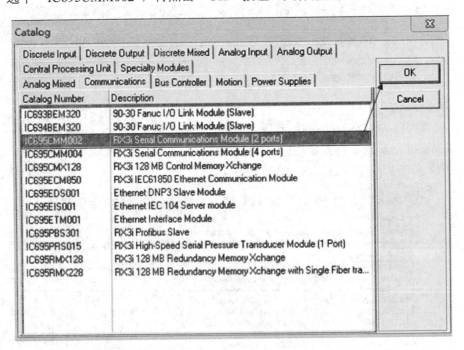

图 2-26　串行通信模块设置

⑧ Profinet 总线控制器模块(IC695PNC001)选择:双击"Slot 4( )",选择"Bus Controller",选中"IC695PNC001",再点击"OK"按钮,如图 2-27 所示。

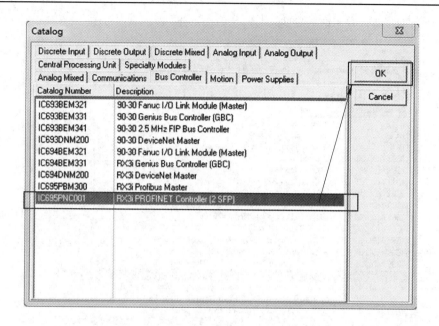

图 2-27　Profinet 总线控制器模块选择

⑨ Profibus 主站模块(IC695PBM300)选择：双击"Slot 5( )"，选择"Bus Controller"，选中"IC695PBM300"，再点击"OK"按钮，如图 2-28 所示。

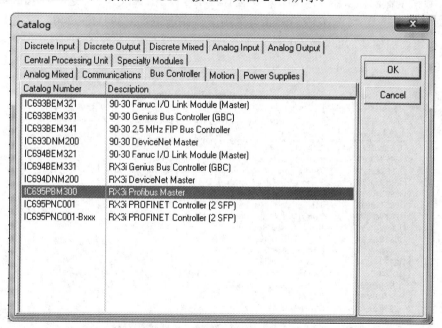

图 2-28　Profibus 主站模块选择

该模块仍有子模块需要配置。

⑩ 数字量输入模块(IC694MDL645)配置：右键单击"Slot 6( )"，选择"Add Module"，在弹出对话框中选择"Discrete Input"选项卡，并选中"IC694MDL645"模块后，单击"OK"

按钮添加成功(或者双击该模块)，如图 2-29 所示。

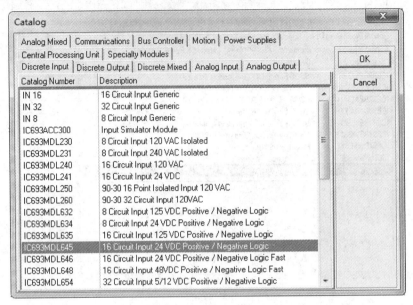

图 2-29　数字量输入模块配置

该模块具体配置在 PAC 模拟量控制实验中再进行详细讲解。

⑪ 数字量输出模块(IC694MDL740)选择，右键单击"Slot 7( )"，选择"Add Module"，在弹出对话框中选择"Discrete Output"选项卡，并选中"IC694MDL740"模块后，单击"OK"按钮添加成功，如图 2-30 所示。

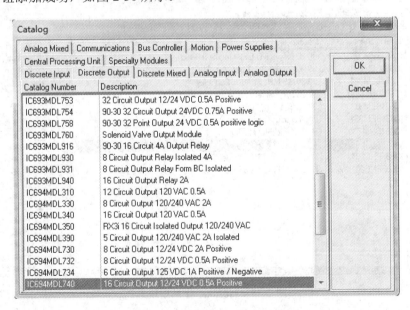

图 2-30　数字量输出模块选择

该模块具体配置在 PAC 数字量控制实验中再进行详细讲解。

⑫ 模拟量输入模块(IC695ALG608)选择：右键单击"Slot 8( )"，选择"Add Module"，

在弹出对话框中选择"Analog Input"选项卡，并选中"IC695ALG608"模块后，单击"OK"按钮添加成功，如图 2-31 所示。

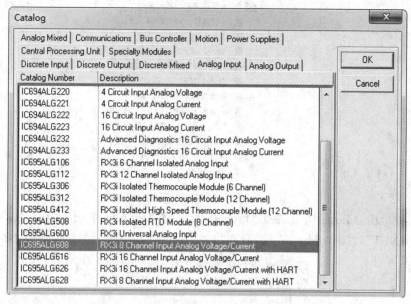

图 2-31　模拟量输入模块选择

该模块具体配置在 PAC 数字量控制实验中再进行详细讲解。

⑬ 模拟量输出模块(HART)(IC695ALG704)选择：右键单击"Slot 9( )"，选择"Add Module"，在弹出对话框中选择"Analog Output"选项卡，并选中"IC695ALG704"模块后，单击"OK"按钮添加成功，如图 2-32 所示。

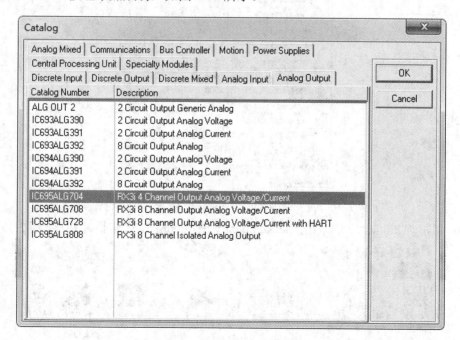

图 2-32　模拟量输出模块选择

⑭ 组态完成后，如图 2-33 所示。

图 2-33　硬件配置完成

⑮ 右键单击"Target1"，选择"Properties"，将"Physical Port"中的"COM1"改写成"ETHERNET"，"IP Address"改写成"192.168.1.3"。修改后的效果如图 2-34 所示。

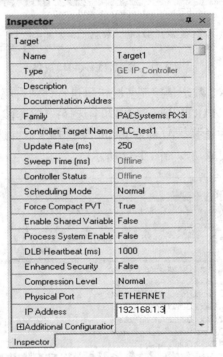

图 2-34　网络地址配置

⑯ 单击"Utilities 后"，双击"Set Temporary IP Address"，设定临时 IP，如图 2-35 所示。

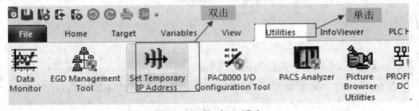

图 2-35　临时 IP 设定

　　单击"Set IP"，在"MAC Address"填入以太网模块的 MAC 地址(00099105A9C0)，在"IP Address to Set"填入"192.168.1.3"，如图 2-36 所示。

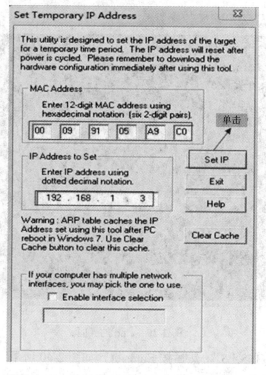

图 2-36　临时 IP 配置

　　弹出新的对话框，此时重启 PAC 电源，等待电源模块的 BATTERY 灯亮起后单击"确定"按钮，如图 2-37 所示。

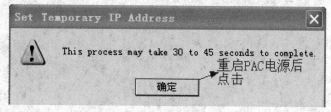

图 2-37　PAC 电源重启

　　之后弹出对话框，如图 2-38 所示，说明 PAC 与 PC 机建立了通信。

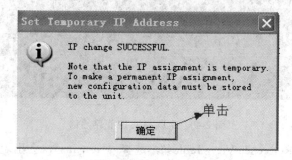

图 2-38　IP 更改成功

⑰ 单击"开始",选择"运行",在"打开"处写入"cmd",然后单击"确定"按钮,弹出图 2-39 所示的界面。

图 2-39　cmd 的界面

先填写"ping 192.168.1.3",然后按 Enter 键,如图 2-40 所示。

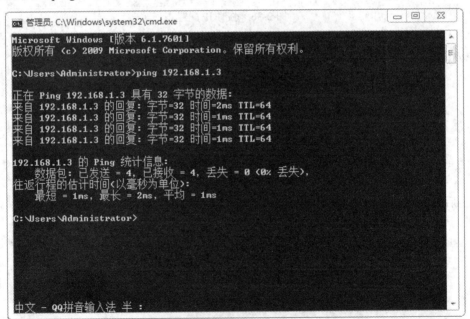

图 2-40　电脑测试 IP 正常通信

⑱ 右键单击"Reference View Tables",选择"New Ins",会出现"RefViewTable10"对话框,然后双击对话框,依次填入"%I00161""%Q00113""%Q00241""%Q00225"。

每填入一个都按一次 Enter 键，如图 2-41 所示。

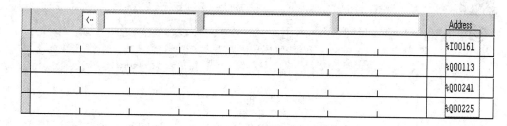

				Address
<--				%I00161
				%Q00113
				%Q00241
				%Q00225

图 2-41 配置交叉参考列表

(3) 下载、调试、备份。

① 检查编译是否有误，如图 2-42 所示(本实验所有图中的梯形图程序忽略，后续章节用到时再细讲)。

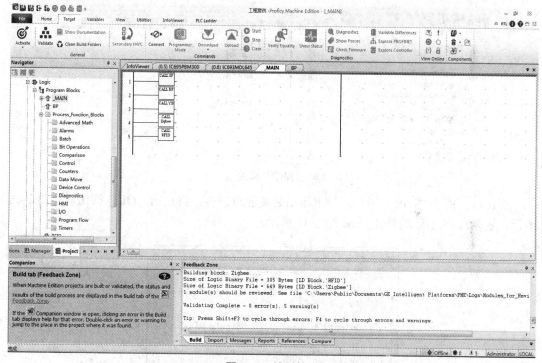

图 2-42 编译检查

② 建立通信。检查无误后，点击"Connect"图标进行联机，如图 2-43 所示；等待"Programmer Mode"图标点亮，如图 2-44 所示。

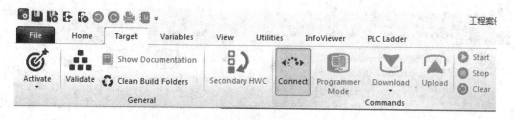

图 2-43 建立连接

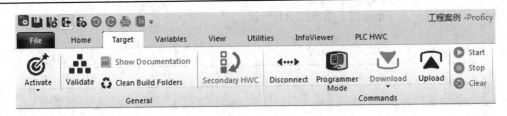

图 2-44　联机成功

点击"Programmer Mode"图标进入程序员模式(运行)，如图 2-45 所示。

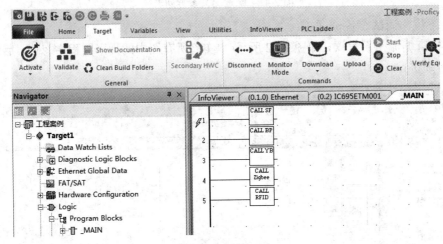

图 2-45　程序员模式(运行)

点击运行停止"Stop"图标，弹出输出去使能对话框，再点击"OK"按钮，如图 2-46 所示；进入程序员模式(停止)，如图 2-47 所示。

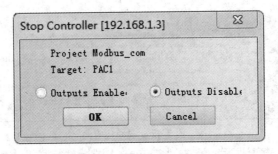

图 2-46　输出去使能对话框

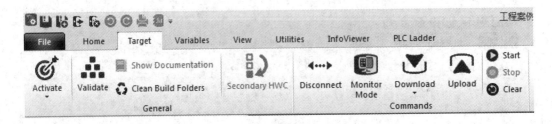

图 2-47　程序员模式(停止)

点击"Download"图标，弹出下载对话框，再点击"OK"按钮，如图 2-48 所示。

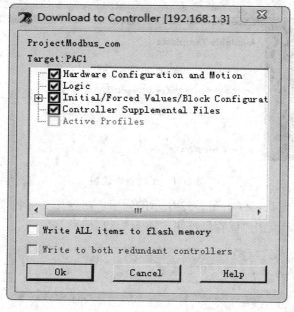

图 2-48　程序下载

下载完成后，点击"Start"图标，弹出输出使能对话框，再点击"OK"按钮即可，如图 2-49 所示。进入程序员模式(运行)。

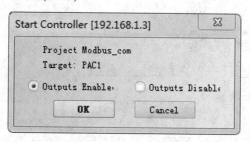

图 2-49　输出使能对话框

③ 完成配置交叉之后，分别单击选中%I00161、%I00162、%I00163，并将其依次置一，如图 2-50 所示。

RefViewTable10 [Target1]								
<--						%I00161		Address
00000000	00000000	00000000	00000000	00000000	00000000	00000000	00000111	%I00161
00000000	00000000	00000000	00000000	00000000	00000000	00000000	00000000	%Q00113
00000000	00000000	00000000	00000000	00000000	00000000	00000000	00000000	%Q00241
00000000	00000000	00000000	00000000	00000000	00000000	00000000	00000000	%Q00225

图 2-50　地址监视栏

④ 备份工程。完成调试之后，将现有工程进行备份保存，点击"File"菜单，如图 2-51 所示。

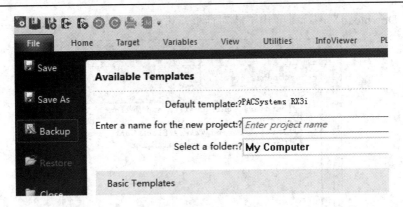

图 2-51　工程备份选项

单击"Backup"选项，弹出图 2-52 所示的弹窗，自定义文件名(如 PLC1)，并找到要保存的地址(如桌面)，点击"保存"按钮，如图 2-52 所示。

图 2-52　工程备份弹窗

备份成功后，桌面上将显示工程压缩包 ▨ 。

⑤ 恢复工程。在左侧 Navigator 框底部点击"Manager"选项，再右键单击"My Computer"，如图 2-53 所示。

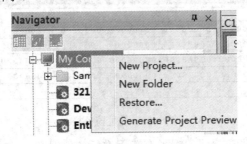

图 2-53　工程恢复选项

在弹出的框中单击"Restore..."，弹出工程恢复框，如图 2-54 所示，选择之前所备份的工程压缩包 PLC1，点击"打开"按钮。

图 2-54　工程恢复框

弹出对话框，提示重命名该工程，如图 2-55 所示。

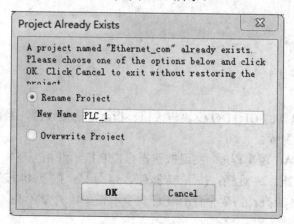

图 2-55　工程重命名对话框

点击"OK"按钮后，在"My Computer"下拉菜单中便出现上述恢复的工程。

六、实验结果

本实验熟悉了 PME 软件的安装，并在软件安装完成后对项目进行新建、初步模块进行配置，以及将完成后的配置进行联机下载、调试、备份和恢复等操作。

实验三　PAC 数字量控制

一、实验目的

(1) 熟悉按钮、指示灯和 GE 控制器的 DI(数字量输入)、DO(数字量输出)硬件结构和应用。

(2) 熟练掌握 DI、DO 与按钮、指示灯的接线方式及其所涉及模块软件环境的配置。

(3) 熟练掌握 PAC 逻辑程序的编写，并理解程序内部逻辑关系。

(4) 熟悉对控制器进行的整个调试过程。

二、实验课时

3 课时。

三、实验要求

熟悉并理解控制器的 DI、DO 模块与按钮、指示灯的接线图，且能够熟练掌握对 DI、DO 模块的软件详细配置。

通过熟练编写 PAC 逻辑程序，实现按钮操作控制指示灯相应逻辑动作：按下 1# 按钮，1# 灯亮；按下 2# 按钮，2# 灯亮；按下 3# 按钮，3# 灯亮；按下 4# 按钮，且只有前 3 个灯都点亮以后，4# 灯才点亮，前 3 个灯有任意一个不亮，4# 灯都不亮。在扳动转换开关后，4 个指示灯全部熄灭。

四、背景知识介绍

目前，PAC 在国内外已广泛应用于钢铁、石油、化工、电力、建材、机械制造、汽车、轻纺、交通运输、环保及文化娱乐等各个行业。其控制使用情况大致可归纳为：开关量的逻辑控制，模拟量控制，运动控制，过程控制，数据处理，通信及联网等。其中，开关量的逻辑控制和模拟量控制是最为基础和广泛的两大控制方式。

开关量的逻辑控制是 PAC 最基本、最广泛的控制方式，它取代传统的继电器电路，实现逻辑控制、顺序控制，既可用于单台设备的控制，也可用于多机群控及自动化流水线。例如：注塑机、印刷机、订书机械、组合机床、磨床、包装生产线、电镀流水线等。

五、实验过程

1. 实验流程

图 3-1 所示为 PAC 数字量控制实验流程。

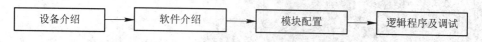

设备介绍 → 软件介绍 → 模块配置 → 逻辑程序及调试

图 3-1　PAC 数字量控制实验流程

2. 设备简介

本实验所用到的设备在 SCADA 实验平台整体结构中的位置如图 3-2 所示。

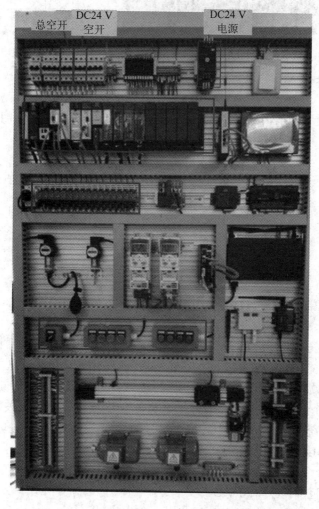

图 3-2　PAC 数字量控制实验硬件位置

1) 继电器

施耐德中间继电器型号为 RXM2LB2BD，底座型号为 RXZE1M2C。其实际设备如图 3-3 所示。

RXM2LB2BD 继电器为 RXM 小型插入式带灯继电器，线圈电压为 24 V DC，额定电流为 5 A，工作电压为 250V AC，底座电压为 7 A/250 V，触电方式为 2 开 2 闭，底座有 8 脚。继电器内部布线如图 3-4 所示。

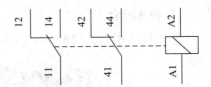

图 3-3　RXM 型继电器　　　　　　　　　　图 3-4　继电器内部布线

2) 按钮、指示灯

施耐德平头按钮型号为 ZB2BA3C(绿) 和 ZB2BA4C(红)；指示灯型号为 XB2BVB3LC(绿)和 XB2BVB4LC(红)。其实际按钮(绿)和指示灯(红)如图 3-5 所示。

图 3-5　平头按钮(绿)和指示灯(红)

平头按钮为不带灯自复位按钮；指示灯额定电源电压为 24 V AC/DC，频率为 50/60 Hz。

3) PAC 硬件

(1) IC694MDL645 数字量输入模块：24 V DC 正/负逻辑输入模块。该模块提供一组共用一个公共端的 16 个输入点。根据现场设备要求，一些输入设备的供电可以由模块的 24 V 和 0 V 的电源输出端提供，也可由外部电源供电。IC694MDL645 数字量输入模块如图 3-6 所示。其中，16 个绿色的发光二极管灯指示着由输入点 1～16 的开/关状态。这个模块可以安装到 RX3i 系统任何的 I/O 槽中。

① IC694 MDL645 技术规格包括：

- 额定电压：24 V DC；
- 输入电压范围：0～+30 V DC；
- 每个模块的输入点数：16 (一组共用一个公共端)；
- 输入电流：7 mA (典型) 在额定电压下；
- 功耗：5 V / 80 mA (所有输入点接通) 由背板 5 V 总线提供；
- 功耗：24 V / 125 mA 由隔离的 24 V 背板总线提供或由用户提供电源。

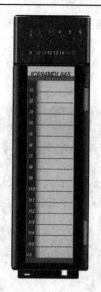

图 3-6 IC694MDL645 数字量输入模块

② IC694 MDL645 现场接线如表 3-1 所示。

表 3-1 IC 694 MDL645 现场接线

终端	连接状态	
1	输入点 1～16 的公共端	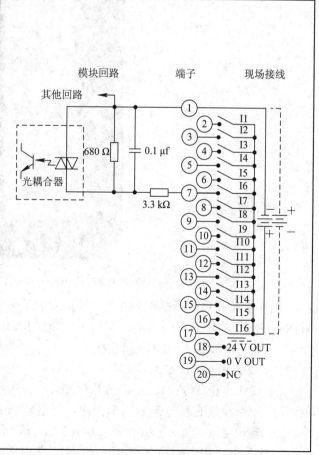
2	输入点 1	
3	输入点 2	
4	输入点 3	
5	输入点 4	
6	输入点 5	
7	输入点 6	
8	输入点 7	
9	输入点 8	
10	输入点 9	
11	输入点 10	
12	输入点 11	
13	输入点 12	
14	输入点 13	
15	输入点 14	
16	输入点 15	
17	输入点 16	
18	用于输入设备的 24 V DC 端	
19	用于输入设备 0 V 端	
20	没有连接	

(2) IC694MDL740 数字量输出模块：12/24 V DC 正逻辑 0.5 A 输出模块。该模块提供两组(每组 8 个)共 16 个输出点，每组有一个共用的电源输出端，如图 3-7 所示。IC694MDL740 数字量输出模块向负载提供的源电流来自用户公共端或者正电源总线，输出装置连接在负电源总线和模块端子之间。

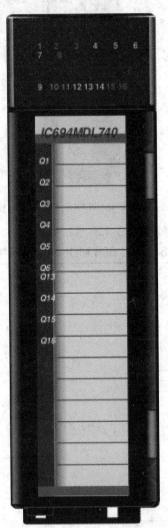

图 3-7　IC694MDL740 数字量输出模块

用户必须提供现场操作装置的电源。单独编号的发光二极管显示每个输出点的状态(ON/OFF)。该模块上没有熔断器，它可以安装到 RX3i 系统中的任何 I/O 插槽并支持热插拔。

① IC694MDL740 技术规格包括：

· 额定电压：12/24 V DC；

· 输出电压范围：12～24 V DC (+20%，−15%)；

· 每个模块的输出点数：16 (两组，每组 8 个)；

· 输出电流：每个输出点最大为 0.5 A，每个公共端最大为 2 A；

· 功耗：110 mA (所有的输出为 ON)，使用背板总线上的 5 V DC。

② IC694MDL740 现场接线如表 3-2 所示。

表 3-2 IC694MDL740 现场接线

端子	连接
1	DC+
2	输出 1
3	输出 2
4	输出 3
5	输出 4
6	输出 5
7	输出 6
8	输出 7
9	输出 8
10	输出 9
11	输出 10
12	输出 12
13	输出 13
14	输出 14
15	输出 15
16	输出 16
17	输出 17
18	输出 18
19	输出 19
20	输出 20

3. 软件简介

"Proficy Machine Edition"软件简介参见"实验二 PAC 软件系统"中的软件简介。

4. 实验步骤

1) 配置硬件组态

"Slot 0""Slot 1""Slot 2"的配置以及"Slot 7""Slot 8"的初步配置参见"实验二 PAC 软件系统"中的实验步骤。

(1) 数字量输入模块(IC694MDL645)配置：双击"Slot 6(IC694MDL645)"进入该模块的参数编辑界面，填写起始地址，如"%I00105"，如图 3-8 所示。

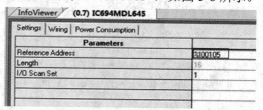

图 3-8 IC694MDL645 参数配置

(2) 数字量输出模块(IC694MDL740)配置：双击"Slot 7(IC694MDL740)"进入该模块的参数编辑界面，填写"Reference Address"(引用地址)起始地址，如"%Q00105"，如图3-9 所示。

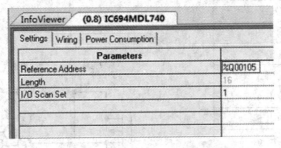

图 3-9　IC694MDL740 参数配置

2) 设计 PAC 点表

该实验设计的 PAC 点表如表 3-3 所示。

表 3-3　PAC 点表

输入点表			输出点表		
名称	地址	描述	名称	地址	描述
Button1	%I00105	1# 按钮	LED1	%Q00105	1# 指示灯
Button2	%I00106	2# 按钮	LED2	%Q00106	2# 指示灯
Button3	%I00107	3# 按钮	LED3	%Q00107	3# 指示灯
Button4	%I00108	4# 按钮	LED4	%Q00108	4# 指示灯
YC	%I00109	转换开关			

3) 编辑逻辑程序

(1) 单击"Program Blocks"前面的加号，选中"_MAIN"主程序，点击右箭头，选择"Variables"，如图 3-10 所示；空白处再点击右键选择"new variable"，接着选择"BOOL"新建变量。

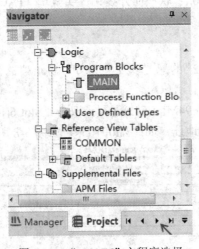

图 3-10　"_MAIN"主程序选择

(2) 点击左上角"Property Columns View"打开属性视图,如图 3-11 所示。

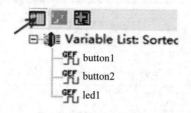

图 3-11 属性视图

(3) 在属性视图空白处点击右键选择"6-Logic PLC-Variable Info",如图 3-12 所示。

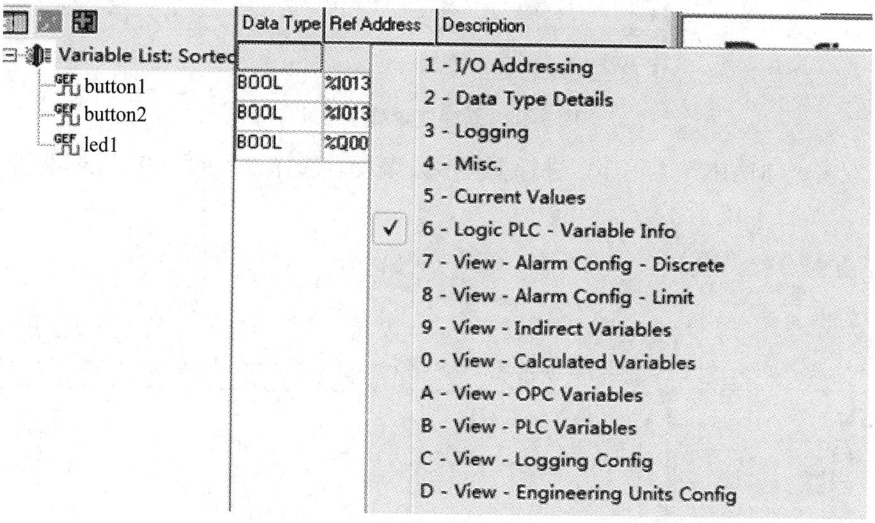

图 3-12 选择添加变量的类型

(4) 双击右侧"Ref Address"下空白处,再点击右侧按钮弹出对应框,在 Memory 中数字量输入选择"I",数字量输出选择"Q",如图 3-13 所示。

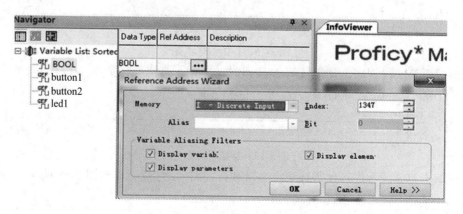

图 3-13 输入变量的地址

(5) 新建的变量要根据 I/O 模块的地址往后排,如图 3-14 所示。

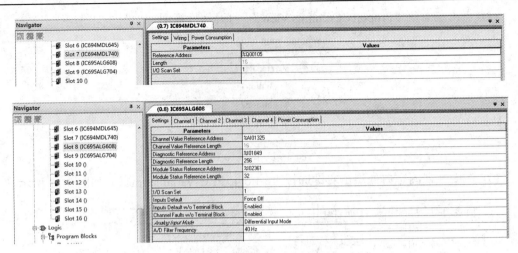

图 3-14　新建变量顺序编址

（6）双击"_MAIN"主程序，进行主程序段编程。选择上方的"PLC Ladder"，在右侧选择所需，如图 3-15 所示。

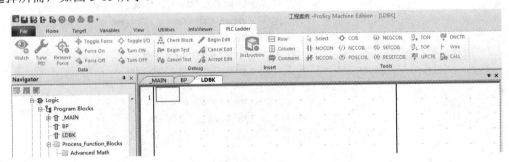

图 3-15　主程序编写

① 编辑第 1 段程序，使得按下 1#按钮时，1#指示灯点亮，如图 3-16 所示。

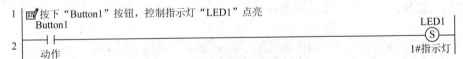

图 3-16　1#指示灯点亮

② 编辑第 2 段程序，使得按下 2#按钮时，2#指示灯点亮，如图 3-17 所示。

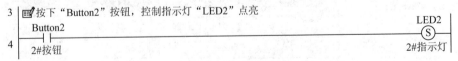

图 3-17　2#指示灯点亮

③ 编辑第 3 段程序，使得按下 3# 按钮时，3#指示灯点亮，如图 3-18 所示。

图 3-18　3# 指示灯点亮

④ 编辑第 4 段程序，使得只有在 1#、2#、3# 按钮都按下之后，再按下 4# 按钮，4# 指示灯才点亮，如图 3-19 所示。

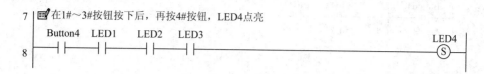

图 3-19　4# 指示灯点亮

⑤ 编辑第 5 段程序，使得扳动转换开关，1#～4# 指示灯熄灭，如图 3-20 所示。

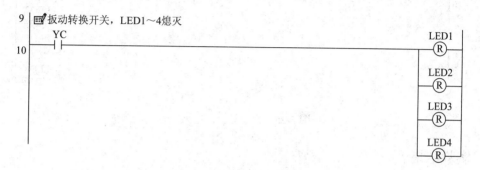

图 3-20　指示灯全部熄灭

4) 编译、下载、调试及备份

(1) 编译、下载。

(2) 按下 1# 按钮，1# 指示灯点亮，如图 3-21 所示。

```
1  📝按下"Button1"按钮，控制指示灯"LED1"点亮
   Button2                                    LED1
2  ─┤ ├─────────────────────────────────────(S)
   1#按钮                                     1#指示灯
```

图 3-21　1# 指示灯点亮(1)

(3) 按下 2# 按钮，2# 指示灯点亮，如图 3-22 所示。

```
3  📝按下"Button2"按钮，控制指示灯"LED2"点亮
   Button2                                    LED2
4  ─┤ ├─────────────────────────────────────(S)
   2#按钮                                     2#指示灯
```

图 3-22　2# 指示灯点亮(1)

(4) 按下 3# 按钮，3# 指示灯点亮，如图 3-23 所示。

```
5  📝按下"Button3"按钮，控制指示灯"LED3"点亮
   Button3                                    LED3
6  ─┤ ├─────────────────────────────────────(S)
   3#按钮                                     3#指示灯
```

图 3-23　3# 指示灯点亮(1)

(5) 在 1#、2#、3# 按钮都按下之后，再按下 4# 按钮，4# 指示灯点亮，如图 3-24 所示。

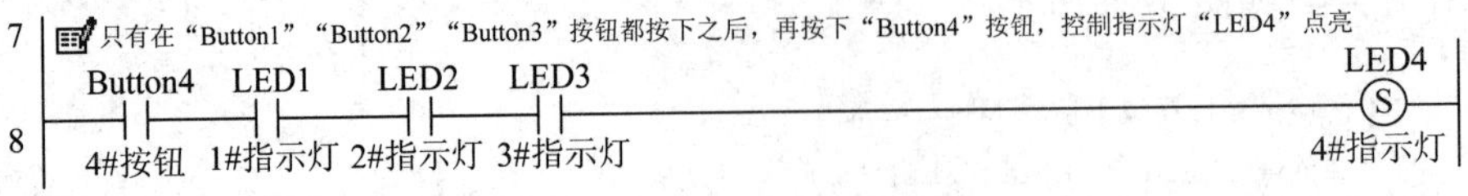

图 3-24　4# 指示灯点亮(1)

(6) 扳动转换开关，1#～4# 指示灯全部熄灭，如图 3-25 所示。

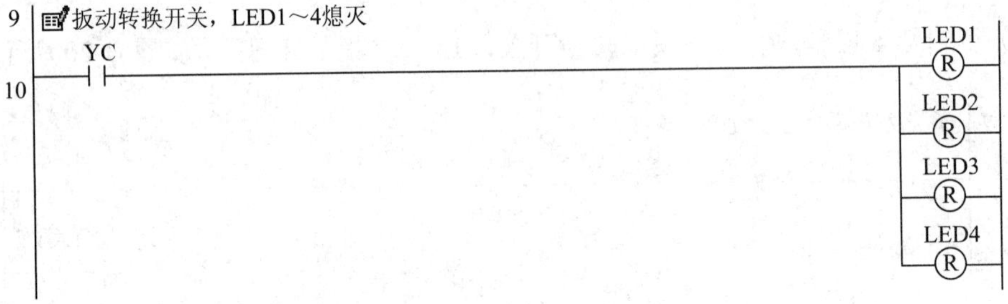

图 3-25　指示灯全部熄灭(1)

六、实验结果

　　本实验熟悉并理解了控制器的 DI、DO 模块与按钮、指示灯的接线图，且能够熟练掌握对 DI、DO 模块的软件详细配置。

　　通过熟练编写 PAC 逻辑程序，实现了按钮对指示灯的逻辑控制：按下 1# 按钮，1# 指示灯点亮；按下 2# 按钮，2# 指示灯点亮；按下 3# 按钮，3# 指示灯点亮；按下 4# 按钮，且只有前 3 个灯都点亮以后，4# 指示灯才点亮，前 3 个灯有任意一个不亮时，4# 指示灯都不亮。在扳动转换开关后，4 个指示灯全部熄灭。

实验四　PAC 定时、计数功能

一、实验目的

(1) 了解 PAC 逻辑程序中的定时器和计数器模块。

(2) 熟练掌握定时器和计数器在整个程序中的逻辑关系和应用。

二、实验课时

2 课时。

三、实验要求

通过逻辑编程能够实现按钮对指示灯的控制：按下 4# 按钮，复位计数器；按下 1# 按钮，1# 指示灯点亮；按下 3# 按钮，延时 1 s，1# 指示灯熄灭。对于 2# 按钮，连续按两次 2# 指示灯点亮，延时 2 s，2# 指示灯自动熄灭；按下 4# 按钮，复位计数器。

四、背景知识介绍

1. 定时器

定时器相当于继电器电路中的时间继电器，在程序中用作延时控制。

可编程控制器中的定时器是根据时钟脉冲累积计时的(定时器的工作过程实际上是对时钟脉冲计数)，时钟脉冲有 1 s、0.1 s、0.01 s 等不同规格。因工作需要，定时器除了占有自己编号的存储器位外，还占有一个设定值寄存器(字)和一个当前值寄存器(字)。设定值寄存器(字)存储编程时赋值的计时时间设定值，当前值寄存器记录计时当前值。这些寄存器为 16 位二进制存储器，其最大值乘以定时器的计时单位值即是定时器的最大计时范围值。定时器满足计时条件开始计时时，当前值寄存器开始计数，在当前值与设定值相等时定时器开始动作，常开触点接通，常闭触点断开，并通过程序作用于控制对象，达到时间控制的目的。TMR 为 16 位定时器，当该指令执行时，其所指定的定时器线圈受电，定时器开始计时。当到达所指定的定时值(计时值≥设定值)时，其接点动作如下：

(1) NO(Normally Open)常开接点：闭合；

(2) NC(Normally Close)常闭接点：开路。

2. 计数器

CTR 为 16 位计数器，当该指令由 OFF→ON 执行时，表示所指定的计数器线圈由失电→受电，则该计数器计数值加 1。当计数到达所指定的定数值(计数值=设定值)时，其接点动作如下：

　　(1) NO(Normally Open)常开接点：闭合；

　　(2) NC(Normally Close)常闭接点：开路。

　　在到达指定的计数值之后，若再有计数脉冲输入，其接点及计数值均保持不变；若要重新计数或进行清除操作，可以触发 R 引脚。

五、实验过程

1. 实验流程

图 4-1 所示为 PAC 定时、计数功能应用实验流程。

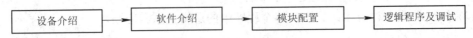

图 4-1　PAC 定时、计数功能应用实验流程

2. 设备简介

本实验所用到的设备在 SCADA 实验平台整体结构中的位置如图 4-2 所示。

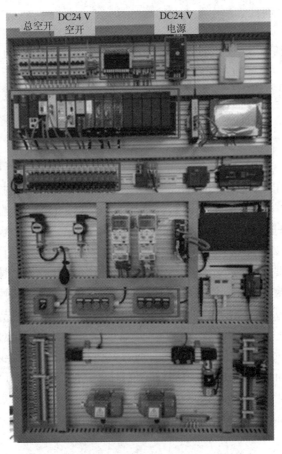

图 4-2　PAC 定时、计数功能应用实验硬件位置

本实验所涉及的硬件设备包括：施耐德的 RXM2LB2BD 继电器(底座型号为

RXZE1M2C)、ZB2BA3C(绿)、ZB2BA4C(红)平头按钮，XB2BVB3LC(绿)、XB2BVB4LC(红)指示灯，GE PAC 的 IC694MDL645 数字量输入模块和 IC694MDL740 数字量输出模块等。这些硬件介绍参见"实验三　PAC 数字量控制"的设备简介。

3. 软件简介

"Proficy Machine Edition"软件简介参见"实验二　PAC 软件系统"中的软件简介。

4. 实验步骤

1) 配置硬件组态

"Slot 0""Slot 1""Slot 2"的配置以及"Slot 7""Slot 8"的初步配置参见"实验二　PAC 软件系统"中的实验步骤。

数字量输入模块(IC694MDL645)配置和数字量输出模块(IC694MDL740)配置详细参见"实验三　PAC 数字量控制"中的实验步骤。

2) 设计 PAC 点表

该实验设计的 PAC 点表如表 4-1 所示。

表 4-1　PAC 点表

输入点表			输出点表		
名称	地址	描述	名称	地址	描述
Button1	%I00105	1# 按钮	LED1	%Q00105	1# 指示灯
Button2	%I00106	2# 按钮	LED2	%Q00106	2# 指示灯
Button3	%I00107	3# 按钮	LED3	%Q00107	3# 指示灯
Button4	%I00108	4# 按钮	LED4	%Q00108	4# 指示灯

3) 编辑逻辑程序

双击"_MAIN"主程序，进行主程序段编程：

(1) 按下 4# 按钮，复位计数器；按下 1# 按钮，1# 指示灯点亮。1# 指示灯点亮程序如图 4-3 所示。

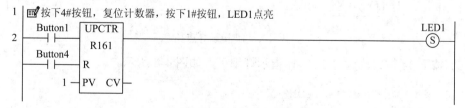

图 4-3　1# 指示灯点亮程序

(2) 按下 3# 按钮，延时 1 s，1# 指示灯熄灭，如图 4-4 所示。

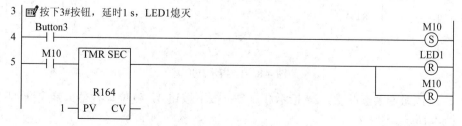

图 4-4　1# 指示灯熄灭程序

(3) 2# 按钮连续按两次，2# 指示灯点亮；按下 4# 按钮，复位计数器。2# 指示灯点亮程序如图 4-5 所示。

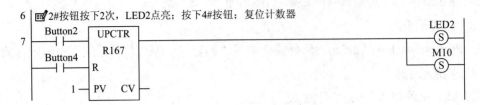

图 4-5 2# 指示灯点亮程序

(4) 按下 2# 按钮后延时 2 s，2# 指示灯自动熄灭，如图 4-6 所示。

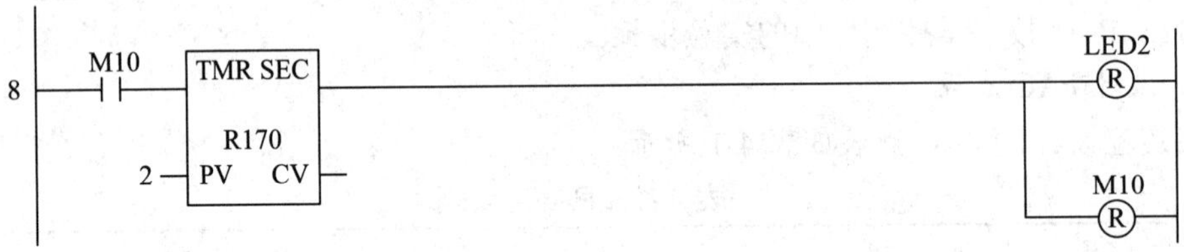

图 4-6 2# 指示灯熄灭程序

4) 编译、下载、调试及备份

(1) 编译、下载。

(2) 按下 1# 按钮，1#指示灯点亮，如图 4-7 所示。

(注：触发 1# 按钮前，先按下 4# 按钮使逻辑程序中计时器复位)。

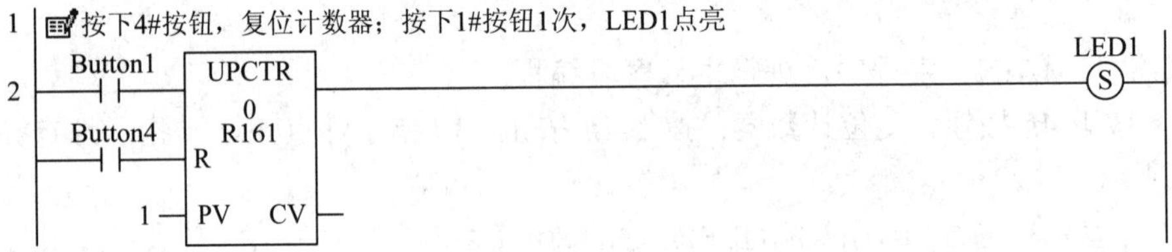

图 4-7 1# 指示灯点亮

(3) 按下 3# 按钮，延时 1 s，1#指示灯熄灭，如图 4-8 所示。

图 4-8 1# 指示灯熄灭

(4) 2# 按钮连续按两次，2# 指示灯点亮；按下按钮 4，复位计数器。2# 指示灯点亮情况如图 4-9 所示。

6   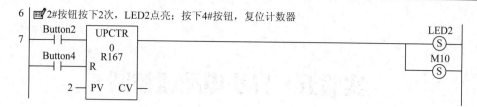2#按钮按下2次，LED2点亮；按下4#按钮，复位计数器

图 4-9   2# 指示灯点亮

(5) 按下 2# 按钮后延时 2 s，2#指示灯自动熄灭，如图 4-10 所示。

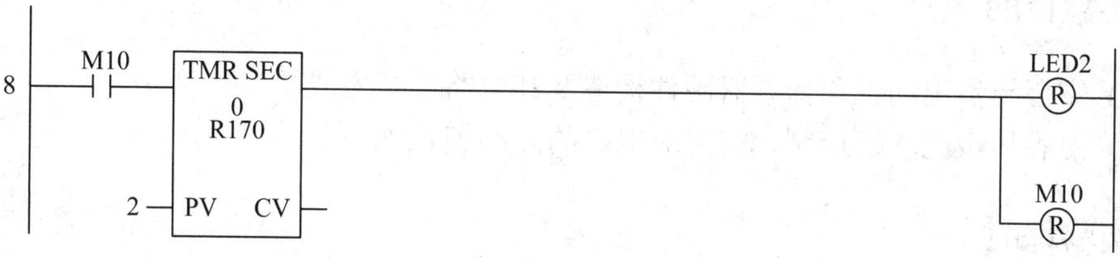

图 4-10   2# 指示灯熄灭

六、实验结果

按下 1# 按钮(注：触发 1# 按钮前，先按下 4# 按钮使逻辑程序中计时器复位)，1# 指示灯点亮(如图 4-11 所示)；按下 3# 按钮，延时 1 s，1# 指示灯熄灭。对于 2# 按钮，连续按两次 2# 指示灯点亮，延时 2 s，2# 指示灯自动熄灭；按下 4#按钮，复位全部指示灯及其计数器。

图 4-11   1# 指示灯点亮

实验五　异步电动机控制

一、实验目的

(1) 掌握异步电动机和变频器硬件构造及其电路连接方式。

(2) 熟悉异步电动机控制，实现对电机的点动和长动。

二、实验课时

2 课时。

三、实验要求

熟悉异步电动机和变频器硬件构造及其电路连接方式；熟悉异步电动机控制，实现对电机的点动和长动。

实现异步电机的变频调速方法包括：

变频调速控制要求一：开关合上后，电动机正转，在第一个速度(1500 r/min)下运行，5 s 后转换到第二个速度(2000 r/min)下运行，再 5 s 后又回到在第一个速度(1500 r/min)下运行，如此循环进行。

变频调速控制要求二：开关合上后，电动机能在正反转情况下完成三个速度(1500 r/min、2000 r/min、2500 r/min)的循环运行。

四、背景知识介绍

随着电力电子技术和自动控制技术的日益发展，三相交流异步电动机的调速已经从继电器控制发展到今天由变频器控制调速，并且在工业各个领域中得到了极为广泛的应用。

本实验是在 PAC 实验平台上利用总线通信来控制变频器，实现变频器的正反转与调速。

五、实验过程

1. 实验流程

图 5-1 所示为异步电动机控制实验流程。

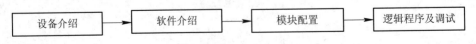

图 5-1　异步电动机控制实验流程

2．设备简介

本实验所用到的设备在 SCADA 实验平台整体结构中的位置如图 5-2 所示。

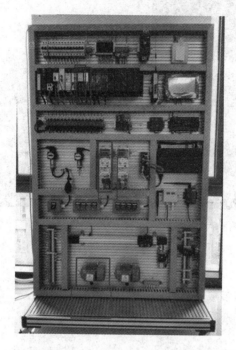

图 5-2　异步电动机控制实验硬件位置

本实验所涉及的硬件设备包括 GE PAC 的总线模块 IC695PBM300、变频器 ACS355 和异步电动机，分别如图 5-3、图 5-4 和图 5-5 所示。

图 5-3　总线模块 IC695PBM300

图 5-4　变频器 ACS355

图 5-5　异步电动机

3. 变频器参数设置

1) 基本参数设置

图 5-6 为变频器基本参数设置表。

	A	B	C	D	E	F	G
1	参数代码	参数名称	参数值		参数代码	参数名称	参数值
2	1001	外部1命令	通信		9802	通信选择	外部总线适配器
3	1002	外部2命令	通信		9905	电机额定电压	220V
4	1102	外部控制选择	通信		9906	电机额定电流	2.3A
5	1103	给定值1选择	通信		9908	电机额定转速	1400r/m
6	1106	给定值2选择	通信		9909	电机额定功率	0.1kw
7	1601	允许通信	通信				
8	1604	故障复位选择	通信				
9	3018	尾速运行	通信				
10	5401	FBA数据输入1	4				
11	5402	FBA数据输入2	5				
12	5403	FBA数据输入3	6				
13	5404	FBA数据输入4	102				
14	5405	FBA数据输入5	104				
15	5406	FBA数据输入6	105				
16	5407	FBA数据输入7	106				
17	5408	FBA数据输入8	107				
18	5409	FBA数据输入9	109				

图 5-6　变频器基本参数设置表

2) 控制参数设置

表 5-1 为变频器控制参数设置表，速度字参数输入范围为 −20 000～20 000，对应电动机转速范围为 −1400～1400 r/min。

表 5-1　变频器控制参数设置表

类型	地址	功能	参数
控制字	%AQ0001	初始化	1142
		启动	1151
		停止	1150
速度字	%AQ0002	正转	正值
		反转	负值

按下"LOC REM"按钮，将变频器切换到远程控制模式，如图 5-7 所示。

图 5-7　变频器切换到远程控制模式

4．硬件配置

硬件配置的步骤如下：

第一步，新建一个项目，输入项目名称，选择对应的 PAC 型号(本实验平台型号为
PACSystems RX3i)，然后点击"OK"按钮，如图 5-8 所示。

图 5-8　新建项目

第二步，按照平台硬件配置各模块，如图 5-9 所示。

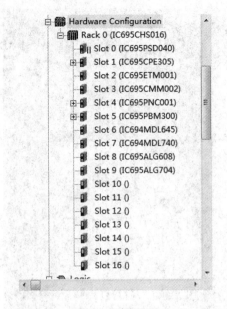

图 5-9　硬件配置

第三步，进行 Profibus 总线模块 IC695PBM300 的配置。

Profibus 总线模块配置过程如下：

(1) 右键单击对应的槽位，添加从站，如图 5-10 所示。本实验平台为 Slot 5，点击"Add Slave…"选项。

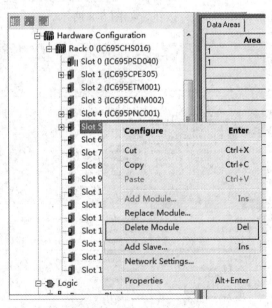

图 5-10　Slot 5 添加

(2) 在"Bus Controller"中选择实验平台上所用的模块 IC695PBM300，点击"OK"按钮，如图 5-11 所示。

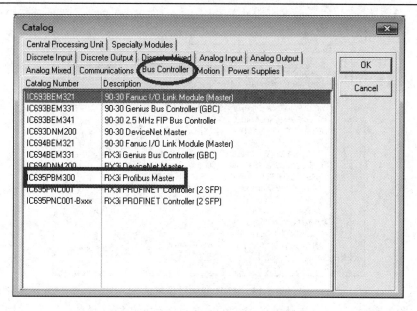

图 5-11　Profibus 总线模块 IC695PBM300 添加

(3) 如图 5-12 所示，右键单击"Slot 5(IC695PBM300)"，再点击"Add Slave…"选项。

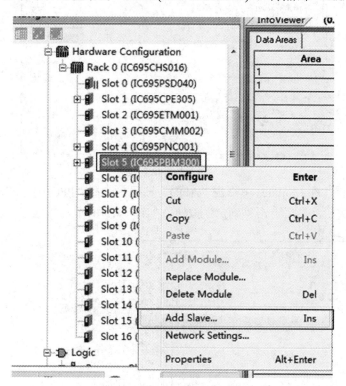

图 5-12　ABB 变频器添加

(4) 选择 ABB 变频器，点击"OK"按钮。如没有 ABB 变频器可选，需添加对应的 GSD 文件，如图 5-13 所示。

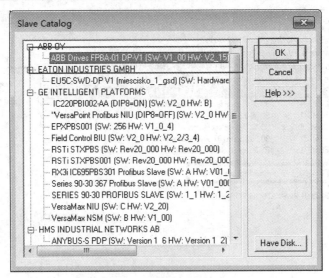

图 5-13　ABB 变频器型号选择

(5) 如图 5-14 所示，建立从站信息，General 设置中选择站号 4。

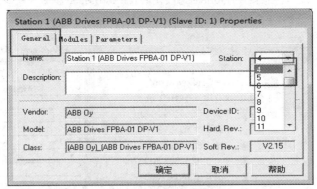

图 5-14　从站信息建立

(6) 添加组件，在 Modules 中点击"ADD"按钮，选择"PPO-04，0PKW+6PZD"，然后点击"OK"按钮，最后点击"确定"按钮，如图 5-15 所示。

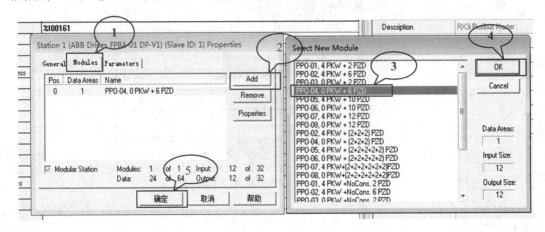

图 5-15　组件添加

(7) 如图 5-16 所示，配置模块地址，即右键单击"PPO-04，0PKW+6PZD"，再点击"Configure…"选项。

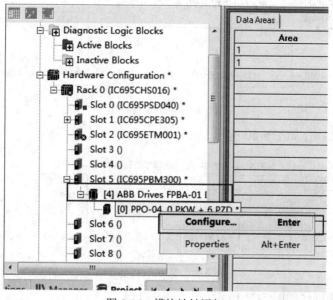

图 5-16　模块地址添加

(8) 配置模块内存地址，确保从改地址起的后 6 个地址没有被其他模块所占用，如图 5-17 所示。

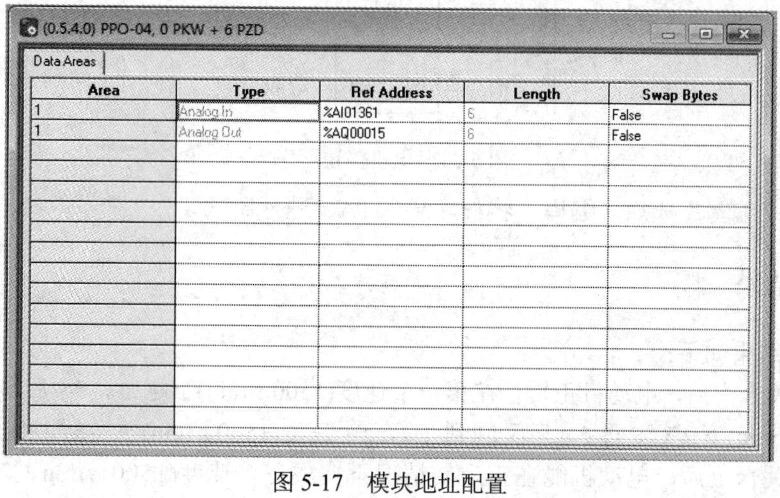

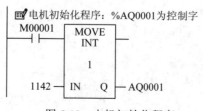

图 5-17　模块地址配置

第四步：编写程序。

(1) 电机初始化程序如图 5-18 所示。

图 5-18　电机初始化程序

(2) 电机正转程序如图 5-19 所示。

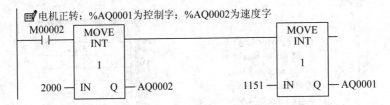

图 5-19　电机正转程序

(3) 电机反转程序如图 5-20 所示。

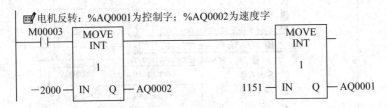

图 5-20　电机反转程序

(4) 电机停止程序如图 5-21 所示。

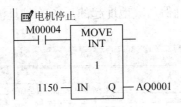

图 5-21　电机停止程序

第五步：编写完成后，编译，将程序导入 PAC 进行调试。

六、实验结果

本实验结果如下：

(1) 开关合上后，电动机正转，在第一个速度(1500 r/min)下运行，5 s 后转换到第二个速度(2000 r/min)下运行，再 5 s 后又回到在第一个速度(1500 r/min)下运行，如此循环进行。

(2) 开关合上后，电动机能在正反转情况下完成三个速度(1500 r/min、2000 r/min、2500 r/min)的循环运行。

实验六　PAC 模拟量控制

一、实验目的

(1) 熟悉温度仪表和 GE 控制器的 AI 硬件结构和应用。
(2) 熟练掌握 AI 与温度仪表之间的接线方式及 AI 模块软件配置。
(3) 熟练掌握本实验中 PAC 程序的逻辑关系。

二、实验课时

2 课时。

三、实验要求

了解温度仪表和 GE 控制器 AI 的硬件结构；能够熟练掌握其硬件接线方式和软件配置；能够熟练掌握逻辑程序，并通过整个调试过程实现以下动作：通过 PAC 采集温度传感器的模拟量值，再建立监视框显示模拟量的数值，当温度超出 25℃时，3# 指示灯(红色)以 1Hz 的频率进行闪烁报警。

四、背景知识介绍

在工业生产过程中有许多连续变化的量，如温度、压力、流量、液位和速度等都是模拟量。为了使可编程控制器处理模拟量，必须实现模拟量(Analog)和数字量(Digital)之间的 A/D 转换及 D/A 转换。PAC 厂家的产品都有配套的 A/D 和 D/A 转换模块，使可编程控制器用于模拟量控制。

五、实验过程

1. 实验流程

图 6-1 所示为 PAC 模拟量采集实验流程。

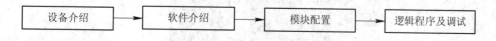

图 6-1　PAC 模拟量采集实验流程

2. 设备简介

本实验所用到的设备在 SCADA 实验平台整体结构中的位置如图 6-2 所示。

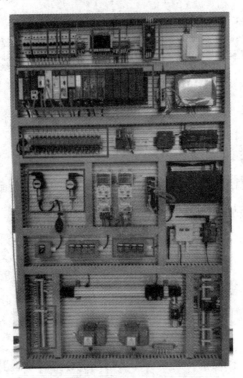

图 6-2　PAC 模拟量采集实验硬件位置

1) 智能仪表

CWDZ11 插入型温度变送器：赫斯曼引线，型号为 CWDZ11。其实际设备如图 6-3 所示。

图 6-3　CWDZ11 插入型温度变送器

工作原理：PT100 传感器在温度影响下产生电阻效应，经专用处理单元转换产生一个差动电压信号；此信号经专用放大器，将与量程相对应的信号转化成标准模拟或数字信号。

CWDZ11 插入型温度变送器采用进口 PT100 热电阻和进口芯片，结构简单，体积小巧，易安装；配备现场显示 LCD 表头，示数直观；可以测量管道或容器内温度，适用于与接触部分材质兼容的气体和液体介质。

CWDZ11 插入型温度变送器温度测量范围为 0℃～100℃，供电电压范围是 15～36 V DC，输出信号为 4～20 mA，精度是 0.5℃，防护等级为 IP65，耐压等级是 10 MPa。其接线图如图 6-4 所示。

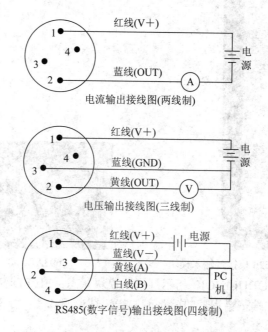

图 6-4　CWDZ11 插入型温度变送器接线图

本实验所采用的接线为两线制的电流输出方式。

2) PAC 的电源模块、CPU 模块和以太网模块

PAC 的电源模块、CPU 模块和以太网模块硬件介绍参见"实验一　PAC 硬件系统"的设备简介。

IC695ALG608 模拟量输入模块外形同 IC695ALG626 模拟量输入模块，如图 6-5 所示。

非隔离差分模拟电流/电压输入模块 IC695ALG608 提供 8 个单端或 4 个差分输入通道。

(1) 模拟输入通道配置如下：

· 电流：0～20 mA，4～20 mA，±20 mA；

· 电压：±10 V DC，0～10 V DC，±5 V DC，0～5 V DC，1～5 V DC；

若使用 HART 通信，通道必须配置为 4～20 mA。

(2) ALG608 规格如下：

· 模块功耗：4.50 W(最大)(FB 及以后版本)，7.35 W(EA 及以前版本)；

· 输入数据格式：32 位浮点数或 16 位整数(32 位域)；

· 过电压：±60 V DC 持续，最大；

- 过电流：±28 mA 持续，最大。

(3) IC695ALG608 状态指示灯如图 6-6 所示。

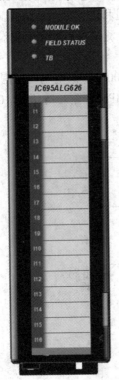

图 6-5　IC695ALG626 模拟量输入模块

图 6-6　IC695ALG608 状态指示灯

如图 6-6 所示，MODULE OK 指示灯说明模块状态；FIELD STATUS 指示灯说明至少一个通道存在故障或端子错误；TB(端子排)指示灯说明端子排是否安装在模块上。所有指示灯都从背板总线得电。

表 6-1　ALG608 指示灯状态说明

指示灯	状 态	说 明
MODULE OK	一直亮绿色	模块正常且配置正确
	缓慢地闪烁绿色或琥珀色	错误
	快速地闪烁绿色	模块正常，但没有配置
	不亮	模块有问题或背板没有电源
FIELD STATUS	一直亮绿色	在已激活的通道上，没有任何故障，并且端子排在模块上
	一直亮黄色	至少一个通道发生故障
	不亮	端子排不存在或者没安装好
TB	一直亮红色	端子排不存在或者没安装好
	一直亮绿色	端子排在模块上
	不亮	背板没有电源

3．软件简介

"Proficy Machine Edition"软件简介参见"实验二　PAC 软件系统"中的软件简介。

4．实验步骤

1) 配置硬件组态

(1) 模拟量输入模块(IC695ALG608)配置：双击"Slot 8(IC695ALG608)"进入该模块的参数编辑界面，填写"Channel Value Reference Address"(通道值引用地址)起始地址，如"%AI01325"，并配置"Channel 1"(通道 1)，如图 6-7 和图 6-8 所示。

Parameters	Values
Channel Value Reference Address	%AI01325
Channel Value Reference Length	16
Diagnostic Reference Address	%I01849
Diagnostic Reference Length	256
Module Status Reference Address	%I02361
Module Status Reference Length	32
I/O Scan Set	1
Inputs Default	Force Off
Inputs Default w/o Terminal Block	Enabled
Channel Faults w/o Terminal Block	Enabled
Analog Input Mode	Differential Input Mode
A/D Filter Frequency	40 Hz

图 6-7　IC695ALG608 "Settings" 参数配置

Parameters	Values
Range Type	Voltage/Current
Range	4mA to 20mA
Channel Value Format	16 Bit Integer
High Scale Value (Eng Units)	1000
Low Scale Value (Eng Units)	0
High Scale Value (A/D Units)	20.0
Low Scale Value (A/D Units)	4.0
Positive Rate of Change Limit (E...	0.0
Negative Rate of Change Limit (...	0.0
Rate of Change Sampling Rate (...	0.0
High-High Alarm (Eng Units)	1000
High Alarm (Eng Units)	990
Low Alarm (Eng Units)	0
Low-Low Alarm (Eng Units)	0
High-High Alarm Dead Band (En...	1000
High Alarm Dead Band (Eng Units)	990
Low Alarm Dead Band (Eng Units)	0

图 6-8　IC695ALG608 "Channel 1" 参数配置

2) 设计 PAC 点表

该实验设计的 PAC 点表如表 6-2 所示。

表 6-2　PAC 点表

输入点表			输出点表		
名称	地址	描述	名称	地址	描述
wenduR	%AI1325	温度采集值	T_alarm	%Q00311	高温报警
注：wenduR 采集值为实际值的 10 倍			LED3	%Q00107	3#指示灯
中间变量					
M7	%M00007	高压报警(上位)	wenduT1	%R00405	温度显示值
M8	%M00008	高温报警(上位)			

3) 编辑逻辑程序

双击 "_MAIN" 主程序，进行主程序段编程：

(1) 实现 1 Hz 闪烁程序，如图 6-9 所示。

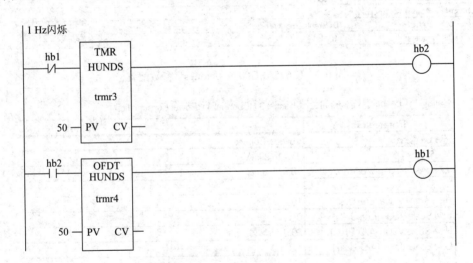

图 6-9　1 Hz 闪烁程序

(2) 转换采集值，如图 6-10 所示。

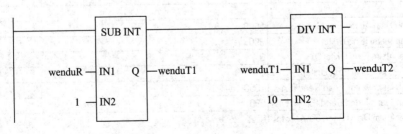

图 6-10　转换采集值程序

(3) 温度仪表温度值高于 25℃, 产生高温报警, 如图 6-11 所示。

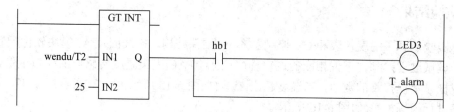

图 6-11 高温报警程序

(4) 当报警产生时, 3# 指示灯开始以 1 Hz 的频率闪烁报警, 如图 6-12 所示。

图 6-12 3# 指示灯闪烁报警程序

4) 编译、下载、调试及备份

编译、下载、调试及备份如图 6-13 所示。

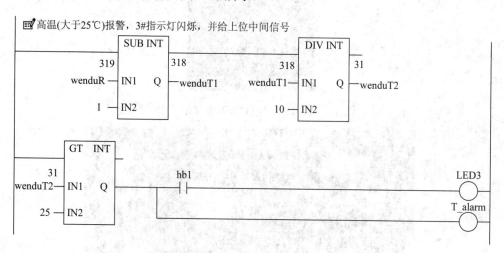

图 6-13 编译、下载、调试及备份

5) 建立与调试监视框

(1) 右键单击 "Reference View Tables", 选择 "NEW" 新建监视框 "RefViewTable1", 在 Address 栏填入 "%AI1325" 和 "%Q00107"。

(2) 将 PAC 与上位机联机后, 观察温度仪表采集数据 "%AI1325" 和高温报警指示灯 "%Q00107" 的显示值, 如图 6-14 所示。

InfoViewer	_MAIN	RefViewTable1								
	<--	Binary				00000100		%Q00107		Address
	+0	+0	+0	+0	+0	+0	-1	-1	+0	+31	%AI1325
	00000000	00000000	00000000	00000000	00000000	00000000	00000000	00000000	00000100		%Q00105

图 6-14 寄存器在线监视框

六、实验结果

　　本实验熟悉了温度仪表和 GE 控制器的 AI 硬件结构、接线图及 AI 模块软件配置；通过整个调试过程熟悉并掌握相应的逻辑程序；通过 PAC 采集温度传感器的模拟量值，再建立监视框显示模拟量的数值，当温度超出 25℃(如图 6-15 所示)时，3#指示灯(红色)以 1 Hz 的频率进行闪烁报警(如图 6-16 所示)。

图 6-15　温度仪表高温显示

图 6-16　3#指示灯高温报警

实验七　PAC 过程控制

一、实验目的

(1) 熟悉压力仪表和 GE 控制器的 AO 硬件结构和应用。

(2) 熟练掌握 AI 与压力仪表之间的接线方式及 AO 模块软件配置。

(3) 熟练掌握本实验中 PAC 程序的逻辑关系。

二、实验课时

2 课时。

三、实验要求

能够熟练掌握逻辑程序，并通过整个调试过程实现以下操作：通过采集压力传感器的模拟值，实现当该压力大于 30 kPa 时，PAC 模拟量输出增大；该压力等于 30 kPa 时，模拟量输出恒定；该压力小于 30 kPa 时，模拟量输出持续减小的 PID 控制，并以监视框显示模拟量输出值。

四、背景知识介绍

过程控制是指对生产过程的某一或某些物理参数进行的自动控制。被控制的值由传感器或变送器来检测，并将这个值与给定值进行比较得到偏差，然后通过控制器依照一定控制规律使偏差趋近于零。

目前，PAC 可应用于过程控制中，即以 PAC 作为控制器，通过软件来完成过程控制规律的实现。如需改变控制规律，只要改变相应的程序即可。

五、实验过程

1. 实验流程

PAC 过程控制实验流程如图 7-1 所示。

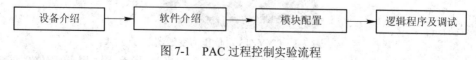

图 7-1　PAC 过程控制实验流程

2. 设备简介

本实验所用到的设备在 SCADA 实验平台整体结构中的位置如图 7-2 所示。

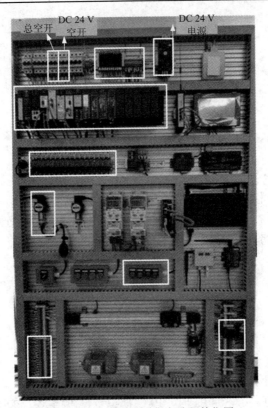

图 7-2　PAC 模拟量采集实验硬件位置

1) CYYZ13 星仪压力变送器

CYYZ13 星仪压力变送器如图 7-3 所示。

图 7-3　CYYZ13 星仪压力变送器

工作原理：压力变送器是在单晶硅片上扩散一个惠斯通电桥，被测介质(气体或液体)施压使桥壁电阻值发生变化(压阻效应)，产生一个差动电压信号；此信号经专用放大器，将与量程相对应的信号转化成标准模拟信号或数字信号。

特点：采用进口扩散硅压力敏感元件和先进的膜片隔离技术；放大电路采用进口美国 BB 集成芯片，宽电压供电；结构小巧、安装方便；截频干扰设计，抗干扰能力强，防雷击；接线反向和过压保护，限流保护；精度高，稳定性好，响应速度快，耐冲击。

适用现场：适用于室内，液体或气体的压强测量，非防爆一般现场。

参数：测量介质可以是液体、气体(对不锈钢无腐蚀)；压力变送器整体材质为膜片 316 s 不锈钢，连接处采用 304 不锈钢；压力方式包括表压、绝压、负压，压力量程为 0 Pa～100 kPa；供电电压范围为 9～36 V DC；输出信号为 4～20 mA、0～5 V DC、0～10 V DC、1～5 V DC、RS485 接口；介质/环境温度范围为 −40℃～85℃；精度为 0.1%FS、0.25%FS；防护等级为 IP65；过载能力为 200%FS。

该压力变送器有三种接线方式：电流信号输出(两线制)、电压信号输出(四线制)和数字信号(RS485)输出(四线制)。本实验采用电流信号输出的两线制接线方式。其接线图如图 7-4 所示。

在本实验中将图 7-4 中接电源的两端替换到 AI 模块的 1、2 引脚(即通道 1IN+、通道 1IN-)即可。

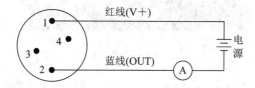

图 7-4　压力变送器电流信号输出接线方式

2) PAC 硬件介绍

IC695ALG704 模拟量输出模块：提供 4 个非隔离可配置的电压或电流输出通道，每一个通道可选择侦测和报告高报警、低报警、高高报警、低低报警，通道各自独立地使能或禁止。IC695ALG704 模拟量输出模块外形与 IC695ALG708 模拟量输出模块外形一致，如图 7-5 所示。

图 7-5　IC695ALG708 模拟量输出模块

(1) 模拟量输出可配置输出范围包括：

· 电流：0～20 mA，4～20 mA；

· 电压：±10 V DC，0～10 V DC。

模块必须使用一个外部的电源来提供直流 24 V 电源，外部电源必须直接连接到模块的端子上，而不能连接到 RX3i 通用底板的 TB1 连接器上。

(2) 指示灯：IC695ALG704 状态指示灯如图 7-6 所示。其中，MODULE OK 表示模块的状态；FIELD STATUS 表示是否有外部的 +24 V 直流电源且电压高于最小值，或是否有错误；TB 表示由底板电源总线供电。IC695ALG704 指示灯状态说明如表 7-1 所示。

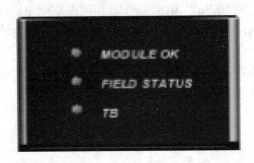

图 7-6　IC695ALG704 状态指示灯

表 7-1　IC695 ALG704 指示灯状态说明

指示灯	状　态	说　明
MODULE OK	一直亮绿色	模块正常且配置正确
	快速地闪烁绿色	模块执行上电测试
	慢速地闪烁绿色或琥珀色	模块正常，但是没有被配置
	熄灭	模块失效或没有底板电源
FIELD STATUS	一直亮绿色	任何使能的通道都没有错误，端子连接正常且现场电源
	一直亮琥珀色，并且 TB 显示绿色	端子连接正常，至少一个通道有错误，或者没有现场电源
	一直亮琥珀色，并且 TB 显示红色	端子没有被完全移出，但有现场电源
	熄灭，并且 TB 显示红色	没有端子，也没有现场电源
TB	一直亮红色	没有端子或没有安装牢固(参考上面)
	一直亮绿色	端子连接正常(参考上面)
	熄灭	没有底板电源为模块供电

(3) 现场接线：IC695 ALG704 接线方式如表 7-2 所示。

表 7-2　IC695ALG704 接线方式

端子号	接线方式	端子号	接线方式
1	通道 2 电压输出	19	通道 1 电压输出
2	通道 2 电流输出	20	通道 1 电流输出
3	公共端(COM)	21	公共端(COM)
4	通道 4 电压输出	22	通道 3 电压输出
5	通道 4 电流输出	23	通道 3 电流输出
6	公共端(COM)	24	公共端(COM)
7	通道 6 电压输出	25	通道 5 电压输出
8	通道 6 电流输出	26	通道 5 电流输出
9	公共端(COM)	27	公共端(COM)
10	通道 8 电压输出	28	通道 7 电压输出
11	通道 8 电流输出	29	通道 7 电流输出
12	公共端(COM)	30	公共端(COM)
13	公共端(COM)	31	公共端(COM)
14	公共端(COM)	32	公共端(COM)
15	公共端(COM)	33	公共端(COM)
16	公共端(COM)	34	公共端(COM)
17	公共端(COM)	35	公共端(COM)
18	公共端(COM)	36	外部电源+ (+24 V)

　　每一个通道都可以被独立配置为电压输出或电流输出操作模式，但是不能同时进行，所有的公共端端子在内部是连接在一起的，因此任何公共端端子都可以被当作外接电源的负极，如图 7-7 所示。

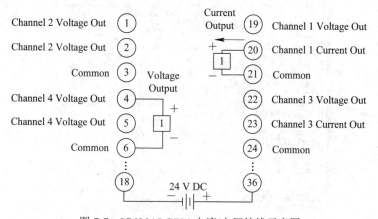

图 7-7　IC695ALG704 电流/电压接线示意图

3. 软件简介

　　"Proficy Machine Edition"软件简介参见"实验二　PAC 软件系统"中的软件简介。

4. 实验步骤

1) 配置硬件组态

(1) 硬件配置组态: "Slot 0" "Slot 1" "Slot 2" 的配置以及 "Slot 9" "Slot 10" 的初步配置参见 "实验二 PAC 软件系统" 中的实验步骤。

(2) 模拟量输入模块(IC695ALG608)配置: 双击 "Slot 8(IC695ALG608)", 对于 "Channel Value Reference Address"(通道值引用地址)起始地址配置参见 "实验六 PAC 模拟量控制" 中的实验步骤, 配置 "Channel 2"(通道 2)。

(3) 模拟量输出模块(IC695ALG704)配置: 双击 "Slot 9(IC695ALG704)" 进入该模块的参数编辑界面, 填写 "Outputs Reference Address"(通道值引用地址)起始地址, 如 "%AQ00007"。"Settings" "Channel 1"(通道 1)的相关参数按图 7-8 和图 7-9 所示配置即可。

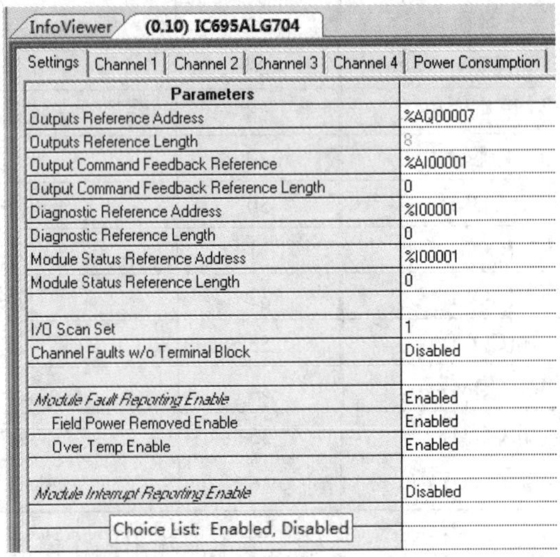

图 7-8 ALG704 "Settings" 参数配置

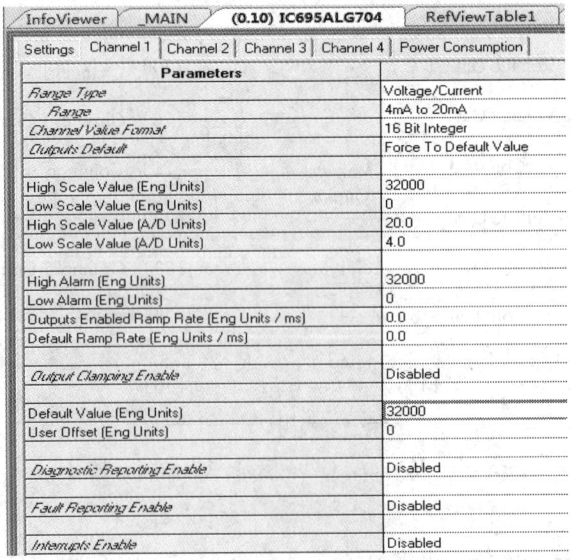

图 7-9 ALG704 "Channel 1" 参数配置

2) 设计 PAC 点表

该实验设计的 PAC 点表如表 7-3 所示。

表 7-3　PAC 点表

输入点表			输出点表		
名称	地址	描述	名称	地址	描述
yali	%AI1327	压力采集值	AQ7	%AQ0007	模拟量输出
注：yali 采集值为实际值的 10 倍					
中间变量					
名称	地址	描述	名称	地址	描述
yaliP	%R00409	压力显示值	PT_101	%R00408	压力转换值

3) 编辑与调试逻辑程序

(1) 双击 "_MAIN" 打开主程序，编辑 "yali"(压力采集值)转换程序，如图 7-10 所示。

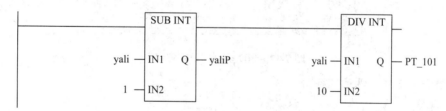

图 7-10　压力采集值转换程序

(2) 编辑 PID 控制压力反馈值恒定程序，如图 7-11 所示。

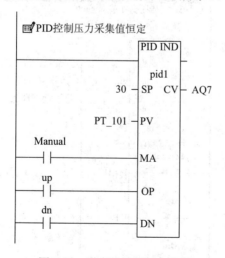

图 7-11　压力反馈值恒定程序

(3) 右键单击 "PID IND" 程序块，在 "Tuning" 窗口中设定 "Proportion"(比例环节) "Integra"(积分环节)参数值分别为 "0.2" 和 "0.5"；设定 "Upper Clamp"(上钳位值：PID

调节输出上限值),如"32000"。其他参数保持默认,点击"Update Project"即可,如图7-12 所示。

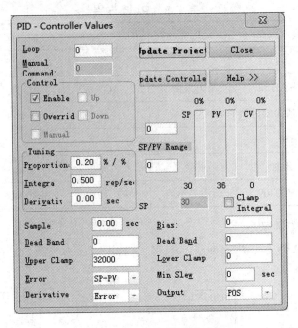

图 7-12 PID 控制值设定窗口

4) 编译、下载、调试及备份

(1) 编译、下载。

(2) PID 控制压力反馈值保持恒定,分别如图 7-13、图 7-14 和图 7-15 所示。

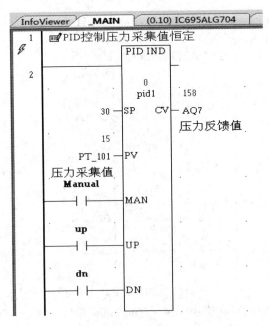

图 7-13 压力小于 30 kPa 时输出值 AQ7 增加

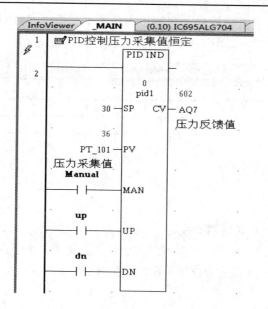

图 7-14 压力大于 30 kPa 时输出值 AQ7 逐渐减小

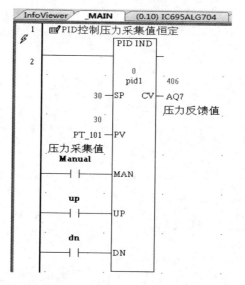

图 7-15 压力等于 30 kPa 时输出值 AQ7 不变

5) 建立与调试监视框

(1) 右键单击 "Reference View Tables"，选择 "NEW" 新建监视框 "RefViewTable1"，在 Address 栏填入 "%AI1327" 和 "%AQ00007"，如图 7-16 所示。

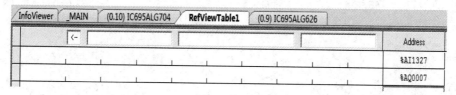

图 7-16 寄存器监视框

(2) 将 PAC 与上位机联机后，观察压力仪表采集数据 "%AI1327" 和模拟量输出 "%AQ00007" 的显示值，如图 7-17 所示。

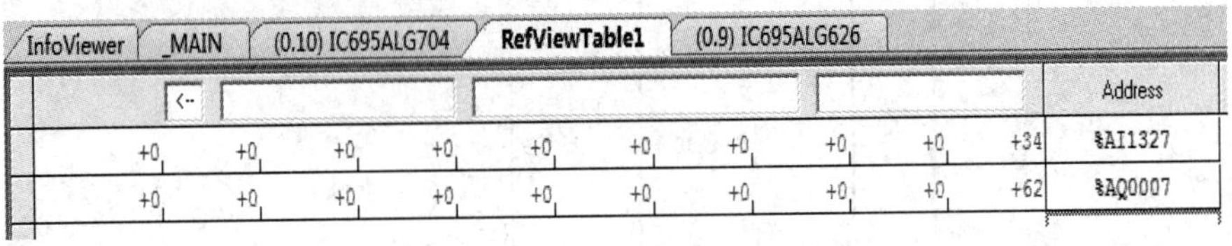

InfoViewer	_MAIN	(0.10) IC695ALG704	RefViewTable1	(0.9) IC695ALG626						
	<--									Address
+0	+0	+0	+0	+0	+0	+0	+0	+0	+34	%AI1327
+0	+0	+0	+0	+0	+0	+0	+0	+0	+62	%AQ0007

图 7-17　寄存器在线监视框

六、实验结果

本实验通过采集压力传感器的模拟值，实现当该压力大于 30 kPa 时，PAC 模拟量输出增大；当该压力等于 30 kPa 时，模拟量输出恒定；当该压力小于 30 kPa 时，模拟量输出持续减小的 PID 控制，并以监视框显示模拟量输出值。

拓　展　篇

　　通过六个拓展实验(抢答器控制实验、彩灯的花样控制实验、交通信号灯的控制实验、运料小车的 PAC 控制实验、两种液体的混合装置控制实验和 PAC 控制全自动洗衣机实验)的简要介绍，可以进一步掌握 GE PAC 控制器硬件结构和应用，熟练掌握实现复杂控制功能的 PAC 逻辑程序的设计与编写，并理解程序内部逻辑关系。

实验八　抢答器控制

一、实验目的

(1) 熟悉按钮、指示灯和 GE PAC 控制器的 DI(数字量输入)、DO(数字量输出)硬件结构和应用。

(2) 熟练掌握 DI、DO 与按钮、指示灯的接线方式及所涉及模块软件环境的配置。

(3) 熟练掌握 PAC 逻辑程序的编写,并理解程序内部逻辑关系。

(4) 熟悉对控制器进行整个调试过程。

二、实验课时

3 课时。

三、实验要求

熟悉并理解控制器的 DI、DO 模块与按钮、指示灯的接线图,能够熟练掌握对 DI、DO 模块的软件详细配置。

通过熟练编写 PAC 逻辑程序,实现按钮操作控制指示灯相应的逻辑动作:设计一个四组抢答器,任一组抢先按下按键后,指示灯能及时显示该组抢答成功,同时锁住抢答器,使其他组按下按键无效。抢答器有复位按钮,复位后可重新抢答。

四、实验过程

按照硬件配置组态,编写 PAC 点表,编辑逻辑程序和编译、下载、调试及备份实验流程,独立搭建控制系统、设计控制程序,实现控制功能要求。

在实验报告中简明扼要地画出硬件配置组态结构,编写 PAC 点表和梯形图程序,再配以相应的文字说明。

五、实验结果及总结

在实验报告中给出实验结果,再配以相应的文字说明。

实验九　彩灯的花样控制

一、实验目的

(1) 了解 PAC 逻辑程序中定时器和计数器模块。

(2) 熟练掌握定时器和计数器在整个程序中的逻辑关系和应用。

二、实验课时

3 课时。

三、实验要求

控制要求一：按下按钮 B1，隔灯闪烁，即 L1、L3、L5、L7 点亮，1 s 后熄灭；接着 L2、L4、L6、L8 点亮，1 s 后熄灭；再接着 L1、L3、L5、L7 点亮，1 s 后熄灭；如此循环。按下按钮 B2，停止闪烁。

控制要求二：按下按钮 B3，隔两灯闪烁，即 L1、L4、L7 点亮，1 s 后熄灭；接着 L2、L5、L8 点亮，1 s 后熄灭；再接着 L3、L6、L9 点亮，1s 后熄灭；如此循环。按下按钮 B4，停止闪烁。

(提高)控制要求三：有 A~H 共 8 个彩灯，按下启动按钮后，灯每隔 1 s 从 A 到 H 逐个点亮，然后从 A 至 H 又逐个熄灭；如此循环。按下暂停按钮，各灯状态保持不变，再按启动按钮，各灯继续工作；按下停止按钮，各灯全部熄灭，再按启动按钮，各灯重新开始工作。

四、实验过程

本实验过程与试验八相同，此处不再赘述。

五、实验结果及总结

在实验报告中给出实验结果，再配以相应的文字说明。

实验十　交通信号灯的控制

一、实验目的

(1) 了解 PAC 逻辑程序中定时器和计数器模块。
(2) 熟练掌握定时器和计数器在整个程序中的逻辑关系和应用。

二、实验课时

3 课时。

三、实验要求

信号灯控制要求：开关合上后，东、西绿灯亮 4 s 后闪 2 s 熄灭，黄灯亮 2 s 熄灭，红灯亮 8 s，绿灯又亮，如此循环。对应东、西绿黄灯亮时南、北红灯亮 8 s，接着绿灯亮 4 s 后闪 2 s 熄灭；黄灯亮 2 s 后，红灯又亮，如此循环。

信号灯示意图如图 10-1 所示。

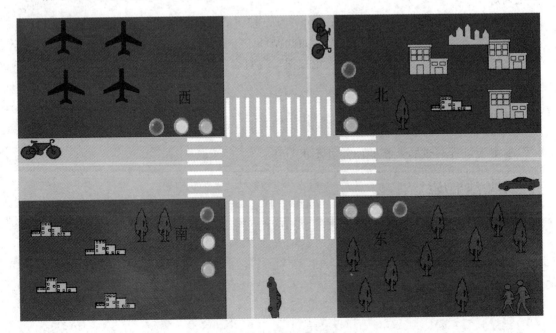

图 10-1　信号灯示意图

四、实验过程

本实验过程与实验八相同，此处不再赘述。

五、实验结果及总结

在实验报告中给出实验结果，再配以相应的文字说明。

实验十一　　运料小车的 PAC 控制

一、实验目的

(1) 掌握异步电动机和变频器硬件构造及其电路连接方式。

(2) 熟悉异步电动机控制，实现对电机的启停和变频调速。

二、实验课时

3 课时。

三、实验要求

控制要求：启动按钮用来开启运料小车，停止按钮用来手动停止运料小车。按下启动按钮，小车从原点启动，指示灯 LED1 点亮；小车向前运动直到碰到 SQ2 开关停止，指示灯 LED2 点亮，甲料斗装料 5 s，指示灯 LED2 熄灭；小车继续向前运行直到碰到 SQ3 开关停止，指示灯 LED3 点亮，乙料斗装料 5 s，指示灯 LED3 熄灭；然后小车返回原点，直到碰到 SQ4 开关停止，指示灯 LED4 点亮，向丙料斗卸料 5 s，指示灯 LED4 熄灭，小车自动停止。在运行过程中，停止按钮可紧急停车，复位按钮可使小车返回原点。

运料小车工作示意图如图 11-1 所示。

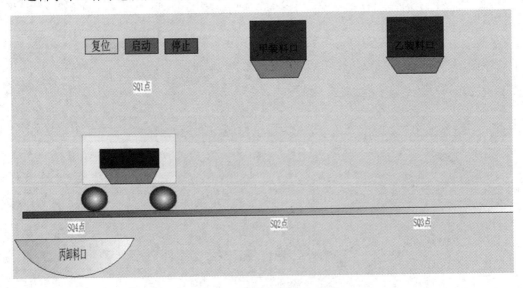

图 11-1　运料小车工作示意图

四、实验过程

本实验过程与实验八相同，此处不再赘述。

五、实验结果及总结

在实验报告中给出实验结果，再配以相应的文字说明。

实验十二　液体混合装置的控制

一、实验目的

(1) 熟悉传感器的工作原理和模拟方法。
(2) 掌握数据处理指令的运用。
(3) 熟练掌握单周期工作和自动循环工作方式的编程方法。

二、实验课时

3 课时。

三、实验要求

控制要求：按启动按钮后，阀门 A 打开，液体 A 流入容器，当液面升到低液位时，低液位传感器 1 闭合，使阀门 A 关闭，阀门 B 打开，液体 B 流入容器；当液面升到中液位时，中液位传感器 2 闭合，使阀门 B 关闭，阀门 C 打开，液体 C 流入容器；当液面升到高液位时，高液位传感器 3 闭合，使阀门 C 关闭，开始搅拌并打开加热炉，搅拌 6 s 后，停止搅拌，打开混合液体阀，开始放出混合液体；当液面下降到低液位时，低液位传感器 1 发出信号，再过 3 s 后容器即可放空，使加热炉和混合液体阀关闭。由此完成一个混合搅拌周期，随后将周期性自动循环。

液体混合装置示意图如图 12-1 所示。

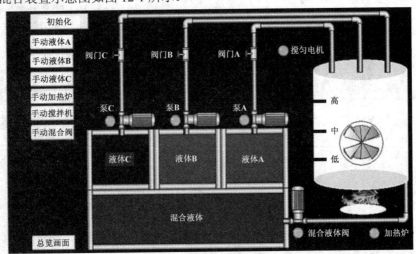

图 12-1　液体混合装置示意图

四、实验过程

本实验过程与实验八相同，此处不再赘述。

五、实验结果及总结

在实验报告中给出实验结果，再配以相应的文字说明。

实验十三　PAC 控制全自动洗衣机

一、实验目的

(1) 熟悉传感器的工作原理和模拟方法。

(2) 掌握异步电动机的运用。

(3) 熟练掌握单周期工作和自动循环工作方式的编程方法。

二、实验课时

3 课时。

三、实验要求

控制要求：接通电源，系统进入初始状态，准备启动。按下启动按钮，开始进水，水位到达高水位时停止进水，并开始正转洗涤；正转洗涤 3 s 后，停止 2 s 再开始反转洗涤 3 s，然后又停止 2 s。若正、反转洗涤没满 5 次，则返回正转洗涤；若正、反转洗涤满 5 次，则开始排水。水位下降至零水位时，开始脱水并继续排水；脱水 20 s，即完成一次大循环。若大循环没满 3 次，则返回到进水开始时的状态，进行下一次大循环；若完成 3 次大循环，则进行洗完报警。报警灯闪烁 15 s 后，结束全部过程，自动停机。

四、实验过程

本实验过程与实验八相同，此处不再赘述。

五、实验结果及总结

在实验报告中给出实验结果，再配以相应的文字说明。

附录 实验报告

附录一　PAC 硬件系统实验报告

班级：　　　　　　　　　　填写日期：

学号：　　　　　　　　　　姓名：

请在下表中列出本实验所用 PAC RX3i 控制器的各个模块类型、型号及参数说明。

槽　号	模 块 类 型	型　　号	参 数 说 明

附录二　PAC 软件系统实验报告

班级：　　　　　　　　　　　　　填写日期：

学号：　　　　　　　　　　　　　姓名：

(1) 新建 PME 工程，工程名为"学号 + 姓名"，保存在默认路径，并将新建工程对话框截图保存在下方。

(2) 添加控制对象且进行硬件组态，并将硬件组态配置完成图截图保存在下方。

(3) 在 MAIN 主用户程序中编写"电机启保停梯形图",并将指令程序截图保存在下方。

附录三　PAC 数字量控制实验报告

班级：　　　　　　　　　　填写日期：

学号：　　　　　　　　　　姓名：

(1) 对"按钮-指示灯数字量控制"主程序段进行编程，并将主程序段截图保存在下方。

(2) 对"按钮-指示灯数字量控制"主程序段进行下载、调试、运行，并将其结果截图保存在下方。

(3) 备份工程,工程名为"学号 + 姓名"(例如 01zxp),然后上传。

附录四　PAC 定时、计数功能实验报告

班级：　　　　　　　　　　　填写日期：

学号：　　　　　　　　　　　姓名：

(1) 对"按钮-指示灯定时计数控制"主程序段进行编程，并将主程序段截图保存在下方。

(2) 对"按钮-指示灯定时计数控制"主程序段进行下载、调试、运行，并将其结果截图保存在下方。

(3) 备份工程，工程名为"学号＋姓名"(例如 01zxp)，然后上传。

附录五　异步电动机控制实验报告

班级：　　　　　　　　　　填写日期：

学号：　　　　　　　　　　姓名：

(1) 对"异步电动机控制"主程序段进行编程，并将主程序段截图保存在下方。

　　(2) 对"异步电动机控制"主程序段进行下载、调试、运行，并将其结果截图保存在下方。

(3) 备份工程，工程名为"学号 + 姓名"(例如 01zxp)，然后上传。

附录六　PAC 模拟量控制实验报告

班级：　　　　　　　　　　　填写日期：

学号：　　　　　　　　　　　姓名：

(1) 双击"_MAIN"打开主程序，编辑 1 Hz 闪烁程序，并将程序段截图保存在下方。

(2) 编辑程序，要求温度仪表温度值高于 25℃时产生高温报警，然后将程序段截图保存在下方。

(3) 编辑程序，要求当报警产生时 3#指示灯开始以 1 Hz 频率闪烁报警，然后将程序段截图保存在下方。

(4) 对主程序段进行下载、调试、运行，并将其结果截图保存在下方。

(5) 备份工程，工程名为"学号 + 姓名"(例如 01zxp)，然后上传。

附录七　PAC 过程控制实验报告

班级：　　　　　　　　　　填写日期：

学号：　　　　　　　　　　姓名：

(1) 对"PID 过程控制"主程序段进行编程，并将主程序段截图保存在下方。

(2) 对"PID 过程控制"主程序段进行下载、调试、运行，并将其结果截图保存在下方。

(3) 备份工程，工程名为"学号 + 姓名"(例如 01zxp)，然后上传。

附录八　抢答器控制实验报告

班级：　　　　　　　　　　　　填写日期：

学号：　　　　　　　　　　　　姓名：

(1) 新建 PME 工程，工程名为"学号＋姓名"，保存在默认路径，并将新建工程对话框截图保存在下方。

(2) 添加控制对象且进行硬件组态，并将硬件组态配置完成图截图保存在下方。

(3) 编写 PAC 点表，并将表格保存在下方。

(4) 在 MAIN 主用户程序中编写"抢答器控制梯形图"，并将指令程序截图保存在下方。

(5) 对主程序段进行下载、调试、运行，并将其结果截图保存在下方。

(6) 备份工程，工程名为"学号＋姓名"(例如 01zxp)，然后上传。

附录九　彩灯的花样控制实验报告

班级：　　　　　　　　　　填写日期：

学号：　　　　　　　　　　姓名：

(1) 新建 PME 工程，工程名为"学号+姓名"，保存在默认路径，并将新建工程对话框截图保存在下方。

(2) 添加控制对象且进行硬件组态，并将硬件组态配置完成图截图保存在下方。

(3) 编写 PAC 点表，并将表格保存在下方。

(4) 在 MAIN 主用户程序中编写"彩灯的花样控制程序梯形图"，并将指令程序截图保存在下方。

(5) 对主程序段进行下载、调试、运行，并将其结果截图保存在下方。

(6) 备份工程，工程名为"学号 + 姓名"(例如 01zxp)，然后上传。

附录十　交通信号灯的控制实验报告

班级：　　　　　　　　　　　填写日期：

学号：　　　　　　　　　　　姓名：

(1) 新建 PME 工程，工程名为"学号+姓名"，保存在默认路径，并将新建工程对话框截图保存在下方。

(2) 添加控制对象且进行硬件组态，并将硬件组态配置完成图截图保存在下方。

(3) 编写 PAC 点表，并将表格保存在下方。

(4) 在 MAIN 主用户程序中编写"交通信号灯的控制程序梯形图"，并将指令程序截图保存在下方。

(5) 对主程序段进行下载、调试、运行，并将其结果截图保存在下方。

(6) 备份工程，工程名为"学号＋姓名"(例如 01zxp)，然后上传。

附录十一　运料小车的 PAC 控制实验报告

班级：　　　　　　　　　　　填写日期：

学号：　　　　　　　　　　　姓名：

(1) 新建 PME 工程，工程名为"学号+姓名"，保存在默认路径，并将新建工程对话框截图保存在下方。

(2) 添加控制对象且进行硬件组态，并将硬件组态配置完成图截图保存在下方。

(3) 编写 PAC 点表，并将表格保存在下方。

(4) 在 MAIN 主用户程序中编写"运料小车的 PAC 控制程序梯形图"，并将指令程序截图保存在下方。

(5) 对主程序段进行下载、调试、运行，并将其结果截图保存在下方。

(6) 备份工程，工程名为"学号 + 姓名"(例如 01zxp)，然后上传。

附录十二　液体混合装置的控制实验报告

班级：　　　　　　　　　　　　填写日期：

学号：　　　　　　　　　　　　姓名：

(1) 新建 PME 工程，工程名为"学号+姓名"，保存在默认路径，并将新建工程对话框截图保存在下方。

(2) 添加控制对象且进行硬件组态，并将硬件组态配置完成图截图保存在下方。

(3) 编写 PAC 点表，并将表格保存在下方。

(4) 在 MAIN 主用户程序中编写"液体混合装置控制程序梯形图"，并将指令程序截图保存在下方。

(5) 对主程序段进行下载、调试、运行，并将其结果截图保存在下方。

(6) 备份工程，工程名为"学号 + 姓名"(例如 01zxp)，然后上传。

附录十三　PAC 控制全自动洗衣机实验报告

班级：　　　　　　　　　　　填写日期：

学号：　　　　　　　　　　　姓名：

(1) 新建 PME 工程，工程名为"学号+姓名"，保存在默认路径，并将新建工程对话框截图保存在下方。

(2) 添加控制对象且进行硬件组态，并将硬件组态配置完成图截图保存在下方。

(3) 编写 PAC 点表，将表格保存在下方。

(4) 在 MAIN 主用户程序中编写"PAC 控制全自动洗衣机程序梯形图"，并将指令程序截图保存在下方。

(5) 对主程序段进行下载、调试、运行，并将其结果截图保存在下方。

(6) 备份工程，工程名为"学号 + 姓名"(例如 01zxp)，然后上传。

参 考 文 献

[1] 刘忠超，肖东岳. 电气控制与可编程自动化控制器应用技术[M]. 西安：西安电子科技大学出版社，2016.

[2] 祁锋. 可编程自动化控制器技术应用教程[M]. 武汉：华中科技大学出版社，2017.

[3] 谭亚红，吴燕，胡韶华. GE 智能平台控制系统及其应用[M]. 天津：天津大学出版社，2019.